教育部博士点基金项目(20111502110001)

清代三角学的数理化历程

特古斯　尚利峰◎著

科学出版社

北京

图书在版编目（CIP）数据

清代三角学的数理化历程／特古斯，尚利峰著. ——北京：科学出版社，2014
ISBN 978-7-03-042228-6

Ⅰ.①清… Ⅱ.①特… ②尚… Ⅲ.①三角–数学史–中国–清代 Ⅳ.①O124-092

中国版本图书馆 CIP 数据核字(2014)第 244698 号

责任编辑：樊　飞　郭勇斌　高丽丽／责任校对：胡小洁
责任印制：赵　博／封面设计：铭轩堂

科学出版社 出版
北京东黄城根北街 16 号
邮政编码：100717
http://www.sciencep.com
北京凌奇印刷有限责任公司印刷
科学出版社发行　各地新华书店经销
*
2014 年 11 月第 一 版　开本：720×1000　1/16
2025 年 3 月第四次印刷　印张：12 1/2
字数：300 000
定价：79.00 元
（如有印装质量问题，我社负责调换）

序

三角学是一门历史悠久的知识领域，其早期发展与天文学密不可分，文艺复兴以后摆脱对天文学的依赖而成为一门独立的数学分支，不仅有着日益广泛的应用，并且在近现代数学的进化中扮演着重要的角色。因此，三角学的发展在任何一本数学通史中都是必不可少的篇章。

中国古代没有一般"角"的概念，因而没有西方意义上的三角学，以勾股定理为基础的测望之术扮演着异曲同工的角色。勾股测望术形成了后来中算家吸收西方三角学的认知基础，同时也成为"中学为体"的重要部分而使近代数学在中土的传播呈现曲折迂回的过程。三角学在中国的发展虽不如秦汉、魏晋和宋元时期一些巅峰的数学成就那般辉煌，但也有着不容忽视的学术意义和史学研究价值。好比一座缩微文化景观，通过三角学在中国的发展，我们可以认识中国传统数学的成就与缺失，透析中西文化传播交流的特征，从而为中国科学技术现代化提供历史借鉴。

在这方面以往已有不少探讨，但多偏重于西方三角学第一次东渐及其前中国本土的传统，总的来说尚缺乏系统梳理与综合比较。这本《清代三角学的数理化历程》，以清代三角学的演进为重点，同时也用相当的篇幅论述了古代的相关知识，实质上构成了一部三角学在中国的发展全史。两次传入的三角知识与会通结果当然是此书最精彩的部分，从独立于天文学到独立于几何学，从结果的近似性到精确性进而一般化，作者描绘了一幅三角学在中国发展历程的脉络清晰、详略有致的工笔画。

一部科学史著作的价值，不仅在于介绍一个民族或地域在历史上的科学成就，同时也在于揭示该民族或地域科学发展的弱点和障碍，此书在这方面是值得肯定的。作者充分展示了中国古代勾股割圆术和弧矢术的成就，以及明清学者在吸收、会通西方三角学过程中表现出的智慧，同时也批判了他们在思想方法上的局限和受到的社会羁绊，分析入木，富有启益。

史学与哲学的融合，使特古斯教授的作品具有一种特殊的韵味。作者以独到的科学哲学观与方法论驾驭着丰富而又纷杂的史料，解难破疑，化朦胧为清澄，读之快哉！

特古斯的博士学位论文即以"清代级数论纲领分析"为题，获得博士学位以来，他一直坚持在明清数学史这块园地辛勤耕耘，成果累累，业已成为国内研究明清数学史的深有造诣的专家。此书是他继《清代级数论史纲》之后推出的又一部力作，可谓"更上一层楼"。我们热烈祝贺此书的成功出版，相信这将会进一步推动和深化中国近代科学文化史特别是数学史的研究。

中国科学院数学与系统科学研究院

李文林

2013 年 8 月 31 日于北京中关村

目　　录

序(李文林) i
引言 1
第一章　古代的知识传统 4
　第一节　有关概念 4
　　一、勾股术 4
　　二、割圆术 7
　　三、弧矢术 10
　第二节　基本方法 13
　　一、数值分析 13
　　二、等积变换 17
　　三、形式级数 20
　第三节　推理形式 23
　　一、数学论证 23
　　二、论证形式 27
　　三、论证结果 31
　第四节　结构特点 35
　　一、立法之根 35
　　二、递归关系 38
　　三、近似关系 42
第二章　独立于天文学的结果 46
　第一节　割圆八线 46
　　一、基本关系 46
　　二、和较关系 49
　　三、边角关系 54
　第二节　割圆缀术 58
　　一、割圆连比例 58
　　二、明安图变换 61
　　三、无穷的算术 65
　第三节　割圆密率 68
　　一、弦矢互求关系 68
　　二、八线互求关系 71
　　三、八线与弧背的关系 75
　第四节　弧三角术 78

		一、弧三角概念	79
		二、正弧三角术	83
		三、斜弧三角术	88
第三章	独立于几何学的结果		93
	第一节	三角比例数	93
		一、基本关系	93
		二、和较关系	97
		三、边角关系	101
	第二节	三角数理	105
		一、棣美弗之例	105
		二、指数之式	109
		三、各理设题	112
	第三节	三角级数	117
		一、比例数的互求关系	117
		二、尤拉之法与反函数	120
		三、某些三角级数的和	123
	第四节	弧三角术	127
		一、基本概念	127
		二、纳氏之法	131
		三、各理设题	136
第四章	中西会通的结果		142
	第一节	中体西用	142
		一、《弧三角图解》	142
		二、《割圆术辑要》	146
		三、《新三角问题正解》	152
	第二节	教育改革	157
		一、技术压力	157
		二、社会条件	161
		三、文化背景	164
		四、数学教育	168
	第三节	全盘西化	171
		一、《平面三角法》	171
		二、《三角术》	175
		三、结构变化	180
结语			186
参考文献			189
后记			191

引　言

　　明末清初，随着西学东渐，三角知识传入中国。当时历法需要改革，三角学可用于历法研究，因而得到明清学者的重视。不过，它的可靠性有待证实，因为儒者担心"暗伤王化"。由于存在中西之见，引进必须经过会通，清代三角学的结构与变迁由此限定。两次传入的三角知识大不一样，两次会通的数学结果也不一样，值得深入研究。

　　关于三角学的第一次传入与会通，学者已有大量研究，李俨等数学史前辈已做了奠基性的工作。李俨的文章"三角术和三角函数表的东来"探讨了三角学第一次传入的历史，他的另一篇文章"明清算家的割圆术研究"探讨了第一次数学会通的结果。通过细心的史料整理与内容分析，他为进一步研究奠定了很好的基础。在此基础上，其他学者继续探讨第一次传入的三角知识及其会通结果，研究范围逐步扩展。梅荣照的文章"王锡阐的数学著作《圜解》"分析了"圜解"的方法与结果，李迪、郭世荣的《清代著名天文数学家梅文鼎》涉及梅文鼎关于三角学的会通与结果，山田庆儿的《中国古代科学史论》涉及清代学者关于"弦矢捷法"的会通与结果，笔者的《清代级数论史纲》涉及中算家关于三角函数幂级数展开式的研究。同类研究工作目前已有不少，它们为本书提供了有用的线索。

　　关于三角学的第二次传入与会通，目前的研究不多，只有个别学者进行了有价值的探索。田淼的《中国数学的西化历程》包括"清代末年传入的三角学知识"，探讨了"清末数学家对三角函数概念的认识"，说明了三角比例数取代八线概念，以及符号代数取代图解方法的经过。《三角数理》是第二次传入的典型的西方三角学著作，杨楠探讨了它的译本及其影响，分析了它的内容及其传播情况。同类的研究虽然不多，但是思路新颖，值得借鉴。

　　至于第一次会通的传统数学基础、第二次会通的最后结果、两次会通引起的数学变化其意义究竟何在，均有待进一步探讨。这对了解清末学者的三角知识与特点，了解中国数学由传统向现代的转变，了解近代中西思想的交流，不无裨益。

　　本书将探讨清代三角学的数理化历程，关键是基本概念与变迁，涉及中国古代的知识传统、两次传入的三角知识与会通结果。第一次数学会通立足于一定的传统知识，清初学者认为三角学通于古法，譬如，勾股术、割圆术与弧矢术。对于它们的结构特性、发展变化及其三角学意义，以往研究有所遗漏，有待进一步探讨，由此可以说明古代的知识传统。由第一次会通引起的概念进化及其结果，以往研究者没有特别地关注，有待进一步探讨，由此可以说明第二次西学东渐之前中算家的三角知识与特点。

第二次传入的三角知识在形式上有了较大变化，所有对象都可以符号代之，所有结果"俱能以算术核之"。关于比例数与割圆八线的区别，学者尚未展开深入分析，仍需进一步探讨，由此可以说明第二次会通工作的特点。关于数理方法与代数方法的区别，学者的研究尚未涉及，有待探讨，由此可以说明第二次会通工作的范围。数学会通方式在废除科举制度后发生了很大变化，这种变化的结果及其意义有待探讨，由此可以说明清末三角知识的结构与特点。以往学者的研究没有将三角函数与割圆八线或比例数区别开来，三角函数概念真正的建立与发展仍有待探讨，清末三角学的结构变化由此得到说明。

本书的重点是中西概念的会通与结果，涉及古代的有关知识与传统，以及两次传入的三角知识与特点。由于内容广泛，涉及大量的原始文献与研究文献，因而材料的选择与表达有难度。我们的基本原则是：不求面面俱到，只想说明基本概念与变迁。相关的文献资料，包括以往学者的研究工作，都要根据原文合理重建。选择典型的原始文献，通过内容分析，说明中西数学概念的不同特点。在此基础上，通过比较分析，说明会通前后基本概念的变化及其意义。

第一，通过分析传统勾股术、割圆术及弧矢术的结构特性与发展变化，说明有关三角学的传统知识与特点。

第二，通过分析《大测》及《测量全义》中的基本概念和方法，说明第一次传入的三角知识与特点。选择王锡阐、梅文鼎、明安图及项名达等的相关著作作为典型案例，通过分析概念和方法的变化，说明第一次会通的结果。

第三，选择《三角数理》及《代数术》等著作，通过分析有关概念和方法，说明第二次传入的三角知识及其特点。

第四，选择《割圆术辑要》及《新三角问题正解》等著作作为第二次会通的典型案例，通过分析概念和方法的变化，说明清末学者的三角知识及其特点。

第五，选择《平面三角法》等著作，通过分析三角学的结构与变迁，说明全盘西化的结果。

通过引用新材料与新方法，本书得出若干新观点：古代的弧矢概念实质上是物理的，相应的结果则是近似的。本书根据原文分析，区分物理、几何、算术与分析的概念，说明了清代三角学的结构与变迁，由此引出一些新观点。某些古法有其三角学意义，但是古代学者没有严格区分近似关系与精确关系，原因是它们未能独立于天文学。第一次数学会通使三角学独立于天文学，物理概念进化为几何概念，结果是精确关系取代了近似关系。第二次西学东渐使三角学独立于几何学，几何概

引 言

念进化为算术概念,特殊关系被一般关系所取代。三角函数概念并不是第二次会通的结果,而是全盘西化的结果,全盘西化则是第二次会通的最后结果。清末学者引进了"三角函数",然而有名无实,全盘西化之前函数概念并未真正建立起来。科举制度废除以后三角学全盘西化,基本概念进化为三角函数,三角级数论走向现代函数论。上述观点得到了新材料的支持,如卢靖(1855~1948)的《割圆术辑要》、长泽氏的《三角法公式》及陈文的《平面三角法》,它们在这里被初次探讨。

古代的学者未能分辨物理的弧矢与几何的弧矢,由于西学东渐,弧矢概念几何化,最终实现数理化。几何化说明了清代割圆术的兴衰,物理概念几何化使清代割圆术获得空前发展,进一步几何化则使基本概念独立于割圆术,最终被欧氏几何之理取而代之。三角学的数理化包括代数化与分析化,代数化过程涉及代数之常法与纯形式定义,分析内容涉及无穷级数与正交函数。晚清学者未能分辨几何、算术与分析的概念,以为三角函数即八线。他们接受了代数之常法,但拒绝了纯形式定义,未能完成代数化。至于无穷级数与正交函数,由于未能有效地利用微积分,他们不可能实现分析化。无论如何,由于受到日本数学的影响,清末学者的平面三角学最终全盘西化。

从形式的观点看,三角学可由二项式导出,基本概念可依欧拉公式定义。晚清三角学背道而驰,数理概念几何化,西法归入割圆术。清代学者曾有机会独立完成数理化,然而古代的形式主义传统似乎被忘却了,何以至此值得深思。

第一章 古代的知识传统

清初学者认为，三角学通于古法，甚至觉得古法更为基本。由此导致了截然不同的两种结果：一些学者尝试会通中西，以便"补益王化"；另一些学者则极力维护传统，以免破坏古法固有的和谐关系。前者引进新概念、新方法，使三角学独立于天文学，最终以精确结果取代了近似结果；后者没有对近似关系与精确关系作出区分，由于受到知识传统的制约，他们拒绝了无穷的概念，因而无法使三角学独立于天文学。

第一节 有 关 概 念

梅文鼎(1633~1721)认为，中西数学的原理是一致的，因为中西"共戴一天"。数学的天是自然的天，自然的天没有中西之别。中西相隔虽数万里，但数学原理不容不合。所以三角学通于古法，譬如，勾股术、割圆术与弧矢术。

一、勾股术

传统勾股术包括勾股算术、勾股容方与容圆、整勾股数等问题，涉及勾股恒等式、内接正方形边长、内切圆直径和不定方程的整数解，皆与不失本率原理有关。不失本率原理是算术的，由于古人将其用于解决勾股问题获得成功，后人便以为它是几何的，并举"幂图"为证。

在清代三角学概念的进化过程中，作为传统勾股术的一个典型方面，勾股算术曾经起到过特殊的作用。这不仅因为"三角即勾股之变通"，更为重要的是，中算家在古代的传统中找到了勾股算术的形式基础。人们由此感到西算没有那么危险，于是加快了三角学的形式化步伐，虽然直到 20 世纪以前，该进程并未真正完成。

勾股算术起源于和较相求问题，问题取决于勾股恒等式转而依赖更为基本的关系，但是长期以来被几何解释所掩盖。从形式的观点看，勾股恒等式完全取决于算术关系

$$(a+c)(b+c) = ab + (a+b)c + c^2, \tag{1}$$

$$(a+b+c)^2 = a^2 + b^2 + c^2 + 2ab + 2bc + 2ca, \tag{2}$$

$$a^2 = c^2 - b^2 = (c-b)(c+b)。 \tag{3}$$

古代学者曾以不同的形式引用过这些结果，但是清代以前它们未能成为勾股算术

第一章 古代的知识传统

的基础，这是算术依赖于几何的结果。

根据古代的观点，(3)是由磬折形与矩形的关系所确立的：

勾实之矩以股弦差为广、股弦并为袤，而股实方其里。……股实之矩以勾弦差为广、勾弦并为袤，而勾实方其里。[1]

这里 $0 < a \leq b < c$，因此，由勾实之矩或股实之矩表达的因式分解公式缺乏一般意义。古代学者认为"矩出于九九八十一"，勾实之矩与股实之矩也不例外，都是由乘法公式的证明生成的概念。早期中算家用到乘法公式

$$(a+b-c)^2 = 2(c-a)(c-b), \qquad (4)$$

它是由(3)所确立的，但几何解释掩盖了因式分解过程。后来，徐光启(1562~1633)给出(3)的另外一种几何解释

$$a^2 = c^2 - b^2 = b(c-b) + c(c-b) = (c-b)(c+b),$$

其中 $0 < a$, $b < c$，从而 a, b 获得对称性。

至于(1)、(2)，它们的几何意义如此显然，以至于没人感到它们还需要证明，直到西学东渐。《九章算术》"少广"章涉及数字多项式

$$(x_1 + \cdots + x_n)^k = \sum_{k_1 + \cdots + k_n = k} \frac{k!}{k_1! \cdots k_n!} x_1^{k_1} \cdots x_n^{k_n},$$

其项数可以任意多，而次数不难推广到"诸乘方"。开方术是把多项式的展开作为二项式的多次展开，例如，"今有积五万五千二百二十五步，问为方几何"，答案由

$$(x_1 + x_2 + x_3)^2 = x_1^2 + 2x_1(x_2 + x_3) + (x_2 + x_3)^2$$
$$= x_1^2 + x_2^2 + x_3^2 + 2x_1x_2 + 2x_2x_3 + 2x_3x_1$$

确定，这与(2)完全一致。

杨辉(13世纪)的《乘除通变算宝》以数值形式给出(1)，他称之为"连身加法"。譬如，"铜二十九矺，每矺二十三斤，问重几何"，结果是

$$(9+20)(3+20) = 9 \times 3 + 9 \times 20 + 20 \times 3 + 20 \times 20.$$

随着西学东渐，徐光启给出了(1)、(2)的一般性证明：

两和相乘为乙巳直角形，倍之为丁戊直角形。以为实平方开之，得巳庚直角方形与丁戊等，即其边为弦和和者。何也？丁戊全形内有弦幂二、股弦矩内形、勾弦矩内形、勾股矩内形各二。与巳庚全形内诸形比，各等。独丁戊形内余一弦幂，巳庚形内余一勾幂、一股幂。并二较一亦等，即巳庚方形之各边皆弦和和。[2]

也即
$$2(a+c)(b+c) = 2[ab+(a+b)c+c^2]$$
$$= a^2+b^2+c^2+2ab+2bc+2ca$$
$$= (a+b+c)^2 。 \tag{5}$$

古代的数值结果由此得以一般化,但仍要求 $0<a,b<c$,这是由"弦和和"所限定的。c 变号的结果出自"弦和较",徐光启就此证明了(2)但没有涉及(1)。及至清初,梅文鼎给出(5)所有可能的变号结果,虽然他未就变号情形论及(1)、(2)。

由于未能摆脱几何直观,明末清初的学者不可能将(1)、(2)及(3)完全一般化。不过,通过(3)的推广使用,梅文鼎得到
$$(a+b)^2 - c^2 = (a+b-c)(a+b+c),$$
$$c^2-(b-a)^2 = (c-b+a)(c+b-a)。$$
由古代的弦图,有
$$(a+b)^2 - c^2 = c^2-(b-a)^2 = 2ab,$$
于是
$$(a+b-c)(a+b+c)$$
$$= (c-b+a)(c+b-a) = 2ab 。 \tag{6}$$

梅文鼎认为,(6)说明了勾股算术的"立法之根",并称"其理皆具古图中",将合理性归之于面积变换。

一个世纪后,项名达(1789~1850)在比例关系中找到了勾股算术的基础,变化是由数学会通引起的。他发现,勾股恒等式虽然可用面积关系来解释,但却并不依赖于这样的解释。对于因式分解公式,西算给出了不同的解释,(3)被归结为相似勾股形的比例关系。根据《几何原本》,在勾股形中如果由直角向弦作垂线,则与垂线相邻的两个勾股形相似,故垂线为弦上两段的比例中项。[3]这种解释后来被中算家收入《数理精蕴》,同时还收入了西算的种种"和较比例",包括合比、分比及合分比等基本关系。很可能由此得到启发,项名达将(3)作为勾股算术的立法之根,并释之以三率连比例
$$(c-b):a = a:(c+b) 。 \tag{7}$$

根据比例的性质,"凡有比例加减之,其和较亦可互相比例"。因此,由(7)可以"另生比例"导出其他勾股恒等式,而"诸术开方之所以然,遂于是得"。比例关系(7)仍出于几何的思考,勾股算术仍然需要这样一个几何基础。但是在此基础上建立的其他勾股恒等式,则为纯粹的算术关系,项名达的形式化工作已很接近现代的标准。

由于比例的解释,(3)已不再要求 $a \leqslant b$,事实上它们已经具备了对称性质。然

而中算家对此缺乏明确的认识，包括项名达本人在内，他们未能充分理解它的重要意义。

随着第二次西学东渐，符号代数传入中国，为勾股算术的进一步形式化创造了有利条件。该进程至杨兆鋆(1854~?)基本完成，他给出如下运算结构作为勾股算术的基础

$$A_{i,j}A_{i+1,j+1} = A_{i,j+1}A_{i+1,j}, \quad 1 \leqslant i,j \leqslant 4,$$

其中

$$A_{11} = b+c, \quad A_{12} = a, \quad A_{i1} = A_{1i},$$
$$A_{13} = A_{11} - A_{12}, \quad A_{14} = A_{11} + A_{12}。$$

由此构造勾股和较乘法表，无需借助任何直观证据。

不难证明，它有两个重要性质

$$A_{i,j} = A_{j,i}, \quad A_{i,j}A_{m,n} = A_{i,n}A_{m,j}。$$

据此"推阐尤捷"，可得"所有可能的"勾股恒等式，只需用到(1)、(2)、(3)。

二、割圆术

清初学者认为传统割圆术说明了三角学原理，因为"三角非八线不能御"，而八线出自"勾股割圆之法"。清代学者由传统割圆术发展出割圆连比例法，说明了弦矢与二项式系数的关系，虽然弦矢与二项式本身的关系没有说清楚。

二分弧法说明了传统割圆术，在《九章算术》圆田术注中，刘徽(3世纪)给出了二分弧法：

> 假令圆径二尺，圆中容六觚之一面，与圆径之半其数均等，合径率一而外周率三也。又按为图，以六觚之一面乘半径，因而三之得十二觚之幂。若又割之，次以十二觚之一面乘半径，因而六之则得二十四觚之幂。割之弥细所失弥少，割之又割以至于不可割，则与圆合体而无所失矣。觚面之外犹有余径，以面乘余径，则幂出弧表。若夫觚之细者与圆合体，则表无余径。表无余径，则幂不外出矣。以一面乘半径，觚而裁之，每辄自倍。故以半周乘半径而为圆幂。[4]

他取单位圆周的 1/3 "觚而裁之，每辄自倍"，并以 3×2^n 觚之一面 c_n 乘半径 r，因而 $3 \times 2^{n-1}$ 之，得 $3 \times 2^{n+1}$ 觚之幂

$$s_{n+1} = 3 \times 2^{n-1}rc_n。$$

由于

$$s_{n+1} = \pi r^2 \ (n \to \infty),$$

而 $r=1$, 故当 n 充分大时

$$\pi \approx s_{n+1}。$$

确定 s_{n+1} 的关键是 c_n, 它与余径 d_n 有勾股关系

$$c_n = \sqrt{\left(\frac{c_{n-1}}{2}\right)^2 + d_{n-1}^2},$$

$$d_n = 1 - \sqrt{1 - \left(\frac{c_n}{2}\right)^2}。$$

由此可得

$$c_{n-1}^2 = 4c_n^2 - c_n^4,$$
$$c_n^2 = 2d_{n-1},$$
$$c_{n-1} = 2c_n(1-d_n)。 \tag{8}$$

其中 $c_0 = \sqrt{3}$, $c_1 = 1$。三者并不独立, 后者可依前两者而定, 事实上

$$c_{n-1}^2 = 4c_n^2 - c_n^4 = c_n^2(4 - c_n^2)$$
$$= c_n^2(2 - c_{n+1}^2)^2 = 4c_n^2(1-d_n)^2。$$

显然, 正 3×2^n 边形的周长为

$$2\pi_n = 3 \times 2^n c_n。$$

由于

$$\pi_n \to r\pi (n \to \infty),$$

当 n 充分大时

$$r\pi \approx \pi_n。$$

传统割圆术的目标主要是求 π。由此生成的概念"瓯面"与"余径", 或者"弦"与"矢", 本身并没有成为进一步研究的对象, 它们的性质(8)也没有引起特别的关注。随着西学东渐, 中算家由二分弧法发展出 n 分弧法, n 分弧法说明了清代割圆术。

所谓 n 分弧法, 根据明安图(? ~1764)的说法, 就是"上取隔三位者减之"。比如, "六分弧, 则减二分弧者; 七分弧, 则减三分弧者", 也即

$$c_{n+2} = (2 - c_1^2)c_n - c_{n-2}。$$

其中 $c_0 = 0$, c_1 为本弧通弦。n 分弧法包含二分弧法

$$c_2 = 2c_1(1 - d_1),$$

其中 $2d_1 = c_{1/2}^2$。因此，明安图的 n 分弧法等价于
$$c_{n+1} = 2(1-d_1)c_n - c_{n-1}。$$
关于明安图的思路历程，陈际新(18 世纪)有如下记录：

> 因思古法有二分弧法，西法又有三分弧法，则递分之亦必有法也。由是思之，遂得五分弧及七分弧。次列三分弧、五分弧、七分弧三数观之，见其数可依次加减而得，遂加减至九十九分弧。然其分数皆奇数也。又思之，遂得二分弧。依前法，推至四分弧、六分弧，加减至百分弧，则偶数亦备矣。然犹分而不能合也，又思之，奇偶可合矣。[5]

由此看来，他先得到"奇数"
$$c_{2k+1} = (2-c_1^2)c_{2k-1} - c_{2k-3}。$$
又思之，得"二分弧"
$$c_{2k} = 2c_k - \frac{1}{4}c_k^3 - \frac{1}{4\cdot 16}c_k^5 - \cdots。$$
于是"依前法"，得到"偶数"
$$c_{2k+2} = (2-c_1^2)c_{2k} - c_{2k-2}。$$
又思之，发现"奇偶可合"，得到前述结果。

不难看出，"奇数"决定本弧通弦的多项式，"偶数"决定幂级数。这是因为"偶数"有赖于"二分弧"，它无法表示为本弧通弦的有限形式。它也不能由 n 分弧法本身确定，对此，我们将在后续章节继续讨论。

董祐诚(1791~1823)的 n 分弧法止得明安图的"奇数"，但是改进了方法，简化了证明。他引进递加法[6]
$$D_{n-1} + D_{n+1} = \begin{cases} c_n, & \text{若 } n \text{ 为奇数,} \\ 2d_n, & \text{若 } n \text{ 为偶数,} \end{cases}$$
其中 $D_0 = D_1 = 0$，而
$$D_{n+1} = \begin{cases} (1-D_n)c_1 + D_{n-1}, & \text{若 } n \text{ 为奇数,} \\ D_n c_1 + D_{n-1}, & \text{若 } n \text{ 为偶数,} \end{cases}$$
因此，董祐诚的 n 分弧法可归结为
$$2D_{n\pm 1} = \begin{cases} c_n \pm (1-D_n)c_1, & \text{若 } n \text{ 为奇数,} \\ 2d_n \pm D_n c_1, & \text{若 } n \text{ 为偶数,} \end{cases}$$
项名达推广了董祐诚的递加法，给出[7]

$$X_{n+1}(l) + X_{n-1}(l) = \begin{cases} c_m, & \text{若}|n|\text{不为奇数}, \\ 2(1-d_m), & \text{若}|n|\text{为奇数}, \end{cases}$$

$$X_{n+1}(l) = (-1)^n X_n(l)c_1 + X_{n-1}(l)。$$

这里 n 为任意整数，而

$$m = 2l + n - 1,$$

l 为不大于 1 的正有理数。$X_n(l)$ 的初值与 l 的取值有关，并且

$$X_0(1-l) = X_0(l)。$$

项名达的 n 分弧法等价于

$$2X_{n\pm1}(l) = \begin{cases} c_m \pm X_n(l)c_1, & \text{若}|n|\text{不为奇数}, \\ 2(1-d_m) \mp X_n(l)c_1, & \text{若}|n|\text{为奇数}。 \end{cases}$$

令 $m=1$ 可以得到二分弧法，清代割圆术与传统割圆术的关系由此得到说明。

三、弧矢术

弧矢术可用于历法研究，可以提高历法的精度，因而得到古代学者的重视。《授时历》是中国古代最为成功的历法之一，这与它应用"会圆术"有关。沈括(1030~1094)的会圆术也许是中算史上最早的弧长公式，人们还不清楚它的立术依据。以下分析表明，它能建基于刘徽的割圆术。

刘徽将其二分弧法应用于弓形，得出弧田新术，说明了旧术的局限。在不大于半周的任一弧上，他"觚而裁之，每辄自倍"，得到弓形面积近似序列

$$s_n = \sum_{k=0}^{n} 2^{k-1} c_{k+1} d_{k+1} 。$$

由二分弧法

$$rc_{n-1} = 2c_n(r - d_n),$$

有

$$2c_k d_k = r(2c_k - c_{k-1}),$$

因此

$$s_n = 2^{n-1} rc_{n+1} - \frac{1}{2} c_1 (r - d_1) 。$$

但

$$2^n c_{n+1} \to l (n \to \infty),$$

即

第一章 古代的知识传统

$$s = \frac{1}{2}rl - \frac{1}{2}c_1(r-d_1),\tag{9}$$

故 c_1 所对弧长

$$l = \frac{2s + c_1(r-d_1)}{r}。\tag{10}$$

(9)表明了弓形与扇形的面积关系，对此古代学者似乎并未在意，他们没有提及扇形面积。(10)表明弧长可以根据弓形面积来确定，对此沈括可能了解。事实上，只需代入弧田旧术，即得会圆术

$$l \approx c_1 + \frac{d_1^2}{r}。$$

这是一个近似公式，虽然粗略，但是简便实用。

据专家称："有关弧矢的计算，到清李锐始告完臻。"然而有关弧矢的计算至明安图业已完备，而李锐(1768~1817)的弧矢算术并不完臻。李锐的弧矢算术以弦矢关系、弓形面积和弧长公式为基本[8]，其中只有前者为精确关系，但他未就近似关系与精确关系作出区分。李锐有条件完臻弧矢算术，因为基本公式在他之前已有精确形式，但他没有采用。

弦矢关系由来已久，《九章算术》已有应用，后来得到证明。李锐的《弧矢算术细草》"爰集弧矢之问，入以天元之法，凡十三术"。第一术"矢自乘于上。又以半弦自之，加上位为实。矢为法，得圆径"。也即弦矢关系

$$a^2 + b^2 = 2rb。\tag{11}$$

这是一个精确关系，其中 a,b 分别为半弦与矢，r 为半径。

专家认为，《九章算术》所用无疑是"弦幂定理"或"射影定理"，觉得"刘徽和李淳风在作注时都只使用勾股定理解题"，为此痛感惋惜"这一在西汉以前就为人们所熟知的定理，东汉以后的人，竟不熟悉"。然而，西汉以前没有"射影"的概念，没有证据表明那时人们熟知射影定理。无论如何，东汉以后的人熟悉弦幂定理，虽然《九章算术》没有为它提供证明。刘徽和李淳风作注时，不只使用勾股定理。勾股定理并非用于解题，而是用于证明弦幂定理或弦矢关系(11)。《九章算术》的原题是："今有圆材，埋在壁中，不知大小。以锯锯之深一寸，锯道长一尺，问径几何。"术文给出结果(11)，刘徽注给出证明"以锯道一尺为勾，材径为弦。锯深一寸，为股弦差之一半，故锯长亦半之也"。也就是说，令

$$A = 2a，\ B = 2(r-b)，\ C = 2r，$$

则 A，B，C 成勾、股、弦。由勾实之矩

$$A^2=(C-B)(C+B),$$

有

$$a^2=\frac{b(C+B)}{2}=b(2r-b),$$

于是弦幂定理或(11)得证。至于"解题",用的不是勾股定理,而是算术方法[9]

$$2r=\frac{C+B}{2}+\frac{C-B}{2}=\frac{a^2}{b}+b,$$

但这并不表明东汉以后的人不知弦幂定理。刘徽熟悉弦幂定理及其等价结果,刘徽的割圆术便是由(11)发展出来的,其结果为之后历代学者所沿用。

刘徽的二分弧法立足于两个基本关系

$$rc_{n-1}=2c_n(r-d_n), \quad c_n^2=2rd_{n-1}。$$

他令

$$c_{n-1}=2a, \quad d_{n-1}=b, \quad c_n^2=a^2+b^2,$$

得到

$$c_n^2=a^2+b^2=2rb=2rd_{n-1}。$$

由于

$$c_n^2=\frac{1}{4}c_{n-1}^2+d_{n-1}^2=\frac{1}{4}c_{n-1}^2+\frac{1}{4r^2}c_n^4,$$

因此

$$\begin{aligned}r^2c_{n-1}^2&=c_n^2(4r^2-c_n^2)\\&=c_n^2(2r-\frac{1}{r}c_{n+1}^2)^2\\&=4c_n^2(r-d_n)^2,\end{aligned}$$

从而

$$rc_{n-1}=2c_n(r-d_n)。$$

由此可见,二分弧法是由弦矢关系发展出来的,刘徽的割圆术是对弦幂定理的重要应用。

在二分弧法的基础上,清代中算家发展出 n 分弧法,但仍保留了二分弧法的基本关系

$$r:c_n=c_n:2d_{n-1}。$$

上述结果与传统结果完全一致,但解释方式发生了变化,这与西学东渐有关。

古代的弦矢概念是物理的:

> 割平圆之旁，状若弧矢，故谓之弧矢。其背曲，曰弧背；其弦直，曰弧弦；其中衡，曰矢。[10]

相应地，弦矢关系(11)取决于出入相补原理，它被解释为面积关系。根据传统的解释，若"半径为弦、半径减矢为股"，则勾必为"半截弦"。因此，"以矢减径，以矢乘之，即半截弦幂"。也就是说，(11)是由勾实之矩

$$a^2 = r^2 - s^2 = (r-s)(r+s)$$

所确立的，其中 $s = r - b$。

随着西学东渐，传统的弦矢概念被割圆八线概念取而代之，中算家始用线段关系来解释(11)。对此，西算给出了不同的解释，它被归结为相似勾股形的比例关系。在勾股形中，如果由直角向弦作垂线，则与垂线相邻的两个勾股形相似，故垂线为弦上两段的比例中项

$$b:a = a:(2r-b)。$$

清代学者或许由此意识到，弦矢关系(11)虽然可用面积关系来解释，但却并不必依赖于这样的解释。于是，将它解释为三率连比例："一率半径，二率通弦，三率倍矢。"

弦矢关系(11)有其三角学意义，弓形面积与弧长公式均为近似结果，缺乏三角学意义。直到清代中期，弧矢算术满足于近似关系。古代学者感到，天文常数的精确值既不可能，也不必要。李锐受到天文学的支配，拒绝了无穷的概念，以免破坏弧矢算术固有的和谐关系。

第二节 基 本 方 法

数值分析、等积变换与形式级数说明了勾股术、割圆术与弧矢术的基本方法。在中国古代，发现的逻辑往往是数值分析，研究的逻辑则为等积变换。弧矢术涉及形式级数，由于不可以形察，学官"废而不理"，随即失传。

一、数值分析

传统勾股术起源于勾股定理，根据《周髀算经》，勾股定理最初是由数值分析导入的。

> 数之法出于圆方，圆出于方、方出于矩、矩出于九九八十一，故折矩以为勾广三、股修四、径隅五。

商高(周)认为，勾股定理出自圆方关系，因为其中包含特例

$$3^2 + 4^2 = 5^2，$$

而3和4恰为特定圆及其外接正方形的周长。

作为发现的逻辑，这种方法为后世学者所继承，有些结果表现为数值形式。如前所述，"连身加法"给出数值形式(1)，传统开方术涉及数字多项式(2)。

李冶(1192~1279)的《测圆海镜》涉及"所有可能的"勾股恒等式，其中至少一部分应当归功于数值分析。他的"通勾股"设为整数[11]
$$a=8, b=15, c=17,$$
于是
$$a+b=23, a+c=25, b+c=32,$$
$$c-a=9, c-b=2, b-a=7,$$
$$a+b+c=40, c+b-a=24,$$
$$c-b+a=10, a+b-c=6,$$
由此可以发现勾股恒等式。例如，由
$$6\times 6=2\times 9\times 2,$$
可以发现
$$(a+b-c)^2=2(c-a)(c-b)。$$
或者，由
$$40\times 3=8\times 15,$$
可以考虑
$$3(a+b+c)=ab$$
是否总能成立。这种方法很有效，可以"极大地减少工作量，事半功倍"，李冶似乎"已经利用了这个技巧"[12]。

不过，这里存在一定的风险。根据法国专家林力娜的研究，由三元组(8, 15, 17)可以推出28个式子，其中只有21个是普遍成立的。三元组(3, 4, 5)的风险更大，由此可推出50多个需要验证的式子。但是也有三元组，如(20,21,29)及(11,60,61)，只能推出21个正确的公式。

传统割圆术的某些结果得益于数值分析，张衡(78~139)的圆周率如此，徽率与祖率亦然。张衡得到
$$\pi \approx \sqrt{10}。$$
根据"开立圆术"徽注①，张衡提出"方八之面，圆五之面"，即
$$方幂：圆幂=\sqrt{8}:\sqrt{5},$$
是由阴阳奇偶之说导入的。由
$$方幂=4r^2, 圆幂=\pi r^2,$$

---

① 《九章算术》开立圆术徽注称，"(衡)又云方八之面，圆五之面，圆浑相推，知其复以圆囤为方率，浑为圆率也。"

第一章 古代的知识传统

有

$$4 : \pi = \sqrt{8} : \sqrt{5} = 4 : \sqrt{10},$$

是为"圆周率一十之面,而径率一之面也"。令 $2r=1$,则方周为 4,圆周为 $\sqrt{10}$,这是数值分析的结果。至于阴阳奇偶说的解释则未知其详,可能仍与数值分析有关。

据分析[13],刘徽"出斯二法"

$$\pi \approx \frac{157}{50}, \quad \pi \approx \frac{3927}{1250}。$$

设 $\Delta_n = s_{n+1} - s_n$ 为 3×2^n 觚之"差幂",则

$$s_6 < s < s_5 + 2\Delta_5,$$

故 $\pi \approx 3.14$,即周率 157 而径率 50。

设 $\delta_n = s - s_n$ 为 3×2^n 觚之"所失",则

$$s = s_6 + \delta_6,$$

其中 δ_6 取决于

$$\Delta_5 : \delta_6 = \Delta_2 : \delta_3。$$

于是,可得 $\pi \approx 3.1416$,即周率 3927 而径率 1250。

祖冲之(429~500)得"约率"与"密率"

$$\pi \approx \frac{22}{7}, \quad \pi \approx \frac{355}{113}。$$

他有"缀术数十篇",可能包括

$$\frac{\pi}{3} = 1 + \frac{1^2}{2^2 \cdot 3!} + \frac{1^2 \cdot 3^2}{2^4 \cdot 5!} + \cdots,$$

理由稍后再论。它可表为率的形式

$$\pi = a_0 + a_1 + a_2 + \cdots,$$

这种形式易于实现筹算,其中

$$a_0 = 3, \quad a_k = \frac{(2k-1)^2}{4(2k)(2k+1)} a_{k-1}。$$

由此可得近似值

$$\pi_9 = a_0 + a_1 + \cdots + a_9 \approx 3.1415926。$$

但 $a_9 \approx 0.00000011$,$a_k < \frac{1}{4} a_{k-1}$,即

$$0 < \pi - \pi_9 < \frac{1}{4} a_9 (1 + \frac{1}{4} + \frac{1}{4^2} + \cdots) < 1 \times 10^{-7},$$

故
$$3.1415926 < \pi < 3.1415927。$$
祖冲之也许通过试算发现
$$7\pi_9 \approx 21.99,\quad 113\pi_9 \approx 354.999,$$
于是得到约率与密率。

沈括的会圆术涉及数值分析:

  假令有圆田,径十步,欲割二步。以半径为弦,五步自乘得二十五。又以半径减去所割二步,余三步为股,自乘得九。用以减弦,外有十六,开平方除得四步为勾,倍之为所割直径。以所割之数二步自乘为四,倍之为八,退上一位为四尺,以圆径除。今圆径十,已足盈数,无可除,只用四尺加入直径,为所割之弧,凡得圆弧八步四尺也。[14]

令 $r=5$,$d=2$,则
$$c = 2\sqrt{5^2 - (5-2)^2} = 8,$$
故
$$l \approx c + \frac{d^2}{r} = 8.8。$$

由于 0.8 步 = 0.8×5 尺,所割之弧凡"八步四尺"。至于该结果取决于会圆术抑或决定会圆术,他没有说明。根据原文,数值分析似乎验证了会圆术。

清代学者继承了古代的数值分析方法,明安图的割圆术及李善兰(1811~1882)的开方术皆然。如前所述,明安图列三、五、七分弧三数观之,见其数可依次加减而得,于是推出
$$c_{2k+1} = (2 - c_1^2)c_{2k-1} - c_{2k-3}。$$
所以,他的"奇数"是由数值分析导入的,"偶数"亦然。

  割圆连比例解实质上是有理二项式的展开问题,开方式的展开是关键。对此,中算家的方法几乎都是数值分析,尤其是李善兰的开方式。设
$$y = \sqrt{1-x^2},$$
李善兰先为 x 赋定某值 $x_0 \in (0,1)$。经过实际运算并"分离元数",他归纳得
$$y = 1 - \frac{1}{2!!}x^2 - \frac{1}{4!!}x^4 - \frac{3!!}{6!!}x^6 - \cdots$$
是为李善兰"方圆之理"[15]。对于数值分析的结果,中算家并不总是很放心,往往会提供几何解释。开方式最初被解释为面积关系,继而成为"垛积",至此则成"尖锥"。

| 第一章　古代的知识传统 |

数值分析如此有效，以至于华衡芳(1833~1902)觉得《三角数理》的基本关系可以由此得到说明。然而这种方法有时也会导致错误，因此需要等积变换作为研究的逻辑。

二、等积变换

对于古代学者来说，纯粹的形式推理是非法的，因为无法保证其结果总能符合现象。在他们看来，形式推理的结果并不意味着等价关系，不同的几何证据似乎表明了这一点。

古代学者为(4)提供了证明：

> 凡勾股幂之在弦幂，或矩于表，或方于里。连之者举表矩而端之，又从勾方里令为青矩之表，未满黄方。满此方则两端之斜重于隅中，各以股弦差为广、勾弦差为斜。故两差相乘，又倍之，则成黄方之幂。[16]

证明的关键是因式分解

$$(a+b-c)^2 = a^2 - 2a(c-b) + (c-b)^2$$
$$= (c-b)(c+b) - (c-b)(2a+b-c)$$
$$= (c-b)(c-2a+c) = 2(c-a)(c-b)$$

却被几何解释所掩盖。徐光启的推导方向与此相反，根据

$$(b-a)^2 = [(c-a)-(c-b)]^2$$
$$= (c-a)^2 - 2(c-a)(c-b) + (c-b)^2,$$

他得到

$$2(c-a)(c-b) = (c-a)^2 - (b-a)^2 + (c-b)^2$$
$$= 2c^2 - 2ac + 2ab - 2bc = (a+b-c)^2 。$$

关键不在因式分解而在配方，也被几何解释所掩盖。

梅文鼎恢复了古代的方法：

> 甲乙为弦自乘之方，甲丁为股自乘之方。两方相减，余丙壬辛乙庚子已磬折形，与勾自乘戊乙方等。而丙辛为股弦较丙壬乘勾弦较壬辛之长方，与已庚等。此两长方必与戊丁正方等，戊丁方者，弦和较自乘方也。[17]

这与古代的证法一致，所据面积关系相同，但是抽去了"表矩"等不相干的概念。

李冶用到乘法公式(5)，其中 $a+b+c>0$，但他没有提供证明。事实上(5)可由(4)得到，只需 a,b 同时变号。反之亦然，只需令 c 变号。但那时

$$(a-c)(b-c) = (c-a)(c-b)$$

恐怕是不允许的，因为它在直观上不好解释。梅文鼎证明：

> 弦和和自乘方内，有勾、股、弦各自乘之方一。而勾方股方并之与弦

·17·

方等，是为弦方者二。又股乘弦、勾乘弦、勾乘股之长方各二。今各用其一而合之，成甲丙乙丁长方形，其阔为勾弦和、其长为股弦和。[17]

显然，两个乘法公式的几何意义存在较大差异，由此很难看出它们共同的算法结构。

另外，有些公式看似不同却有相同的几何意义，由此表现出 a,b 的对称性。清代中期，这种现象引起重视，中算家开始关注它们在算法结构中的意义。例如，关于"股、勾弦和求勾、弦"术

$$(a+c+b)(a+c-b)$$
$$=(a+c)^2-b^2$$
$$=2a(a+c)$$

与勾、股弦和术

$$(b+c+a)(b+c-a)$$
$$=(b+c)^2-a^2$$
$$=2b(b+c),$$

李锐指出两者"同义，惟勾股互异"[18]。也就是说，两者的几何意义相同，而 a,b 对称。不过，他并没有完全理解同义的重要性，仍把它们作为两个独立的公式，没有从他同义的几何思想中抽出同术的算术概念来。

也许感到几何无助于算术的一般化，梅文鼎才试图将算术独立于几何，并且主张算术取决于自然之理。他取消了(4)或(5)的符号限制，却没有像往常那样逐一作出几何解释，因为每种情形"皆有自然之理焉"。由于历史的原因，梅文鼎未能实现自己的理想，之后一个世纪里也无人理会自然之理。

《九章算术》圆田术以半周为从、半径为广，广从相乘为积步，于是化圆为方

$$s=r\times\pi r。$$

传统割圆术表明，圆幂可由内接多边形逼近，而多边形可化为矩形。所以圆出于方

$$s_{n+1}=r\times\pi_n,$$

亦半周为从、半径为广，广从相乘为积步。

刘徽化觚为方，通过无穷小分析，证明了圆田术。由

$$\pi_1=3c_1=3r,$$

他发现，古率"周三径一"仅为 s_1 的周径之比

$$2\pi_1:2r=3:1。$$

于是，他以六觚之一面乘半径，因而三之得十二觚之幂

$$s_2=3rc_1=r\times\pi_1。$$

次以十二觚之一面乘半径，因而六之，得二十四觚之幂

$$s_3 = 6rc_2 = r \times \pi_2 。$$

如此"觚而裁之,每辄自倍",总能化觚为方

$$s_{n+1} = 3 \times 2^{n-1} rc_n = r \times \pi_n,$$

而且"割之弥细,所失弥少。割之又割以至于不可割,则与圆合体,而无所失矣"。由于

$$0 < \delta_{n+1} < \Delta_n,$$

而 $\Delta_n \to 0 (n \to \infty)$,故

$$\delta_{n+1} = s - s_{n+1} \to 0 (n \to \infty) 。$$

由此即得圆田术

$$s = \lim_{n \to \infty} s_{n+1} = r \times r\pi,$$

矩形特征在极限状态下保持不变,"圆出于方"由此得证。

弧矢术同样建基于面积关系。如前所述,弦矢关系取决于勾实之矩。弓形面积与弧长公式不同于弦矢关系,其精确形式较难确定,因为它们涉及无穷。

《弧矢算术细草》第十术是"以矢加弦,又以矢乘之为实。二为法,得截积"

$$s = \frac{1}{2}(2a+b)b 。 \tag{12}$$

这是弓形面积近似公式,来自《九章算术》弧田术,其中 a, b 分别为半弦与矢。刘徽给出弧田新术

$$s_n = \sum_{k=0}^{n} 2^{k-1} c_{k+1} d_{k+1},$$

但是李锐没有采用。

刘徽新术是发展弧矢算术的关键,事实上,由此可得[9],或

$$s = \frac{1}{2} rl - a(r-b) 。$$

它把弧、矢、弦、径与"积"统统联系在一起,堪称弧矢算术基本公式,弧矢算术的基本原理由此得到说明。问题是古代的学者不曾提及上式,他们是否掌握这一公式?有迹象表明,答案是肯定的,弧长公式的起源可能与此有关。

《弧矢算术细草》第四术"倍矢加弦,又以矢再乘之于上。半弦自之,又以弦乘之,加上位为实。矢幂、半弦幂相并为法,得弧背"

$$l = \frac{2a^3 + (2a+2b)b^2}{a^2 + b^2} 。$$

由弦矢关系易知,这与沈括的会圆术完全一致,会圆术有赖于弓形与扇形的面积

关系(9)。

关于扇形面积公式，目前还不清楚中算家是否了解
$$s' = \frac{1}{2}rl \text{。}$$

无论如何，它可由(9)来确定，只需弧田底端加一个圭田，使得两底重合、两高之和为 r 即可。沈括对此一定是了解的，不然无从推导会圆术。弧田术与会圆术均为近似关系，而(9)为精确关系。在(9)的作用下，弧田、会圆二术之一的任何变化，都将引起另外一个的相应变化。因此，(9)是能使二术彼此谐调一致的唯一关系，它说明了弧矢算术的基础，不通过它虽然也能得到弧长公式却无以立会圆术。

这表明，沈括可能了解(9)，并且由此想到
$$\frac{1}{2}l = \frac{s + a(r-b)}{r} \text{。}$$

据此可得会圆术，只需代入弧田旧术。这相当于联立两"圆"(12)与(9)，所以称之为"会圆术"。

三、形式级数

缀术可用于天象历度，可以"求星辰之行，步气朔消长"，但是"不可以形察，但以算术缀之而已"。由此可见，缀术应该具有形式级数特征。它能建基于刘徽的二分弧法，也能建基于弧田新术。

通过二分弧法可以确立全弧弦矢与分弧弦矢的关系，进而可以弧背求弦矢，乃至求 π 。以下分析表明，祖冲之父子有可能实现这样的目标。事实上，通过形式运算，由
$$c_n^2 = 4c_{n+1}^2 - c_{n+1}^4 \text{，}$$

可得
$$c_{n+1}^2 = \frac{1}{4}c_n^2 + \frac{1}{4^3}c_n^4 + \frac{2}{4^5}c_n^6 + \cdots \text{。}$$

代入 $c_{n-1} = c_n(2 - c_{n+1}^2)$，则有
$$c_{n-1} = 2c_n - \frac{1}{4}c_n^3 - \frac{1}{4^3}c_n^5 + \cdots \text{。}$$

迭代若干次，即得全弧通弦与分弧通弦的关系
$$c_n = 2^k c_{n+k} - \frac{2^k(2^{2k}-1^2)}{4 \cdot 3!}c_{n+k}^3 + \frac{2^k(2^{2k}-1^2)(2^{2k}-3^2)}{4^2 \cdot 5!}c_{n+k}^5 + \cdots \text{。} \qquad (13)$$

类似地，由

第一章 古代的知识传统

$$d_{n-1} = 2d_n(2-d_n),$$

可得全弧之矢与分弧倍矢的关系

$$d_n = \frac{2^{2k}}{2!}(2d_{n+k}) - \frac{2^{2k}(2^{2k}-1^2)}{4!}(2d_{n+k})^2$$
$$+ \frac{2^{2k}(2^{2k}-1^2)(2^{2k}-2^2)}{6!}(2d_{n+k})^3 + \cdots.$$

祖冲之缀术或许涉及这些结果，它们只需普通的四则运算和线性方程组的相关知识，并未超出徽注范围之外。

如令 $x = \dfrac{\pi}{3 \times 2^n}$，并记

$$a(x) = \frac{c_n}{2}, \quad b(x) = 1 - d_n,$$

则 $k \to \infty$ 时，有

$$2^k c_{n+k} \to 2x, \quad 2^{2k}(2d_{n+k}) \to x^2,$$

于是

$$a(x) = x - \frac{1}{3!}x^3 + \frac{1}{5!}x^5 - \cdots,$$

$$b(x) = 1 - \frac{1}{2!}x^2 + \frac{1}{4!}x^4 - \cdots.$$

缀术或许涉及类似的结果，祖冲之熟悉刘徽的工作，朴素的极限方法应当不在话下。

关于祖冲之求 π 的方法，可以作出如下解释。由(13)，通过形式运算，可得

$$c_{n+k} = \frac{1}{2^k}c_n + \frac{1^2 \cdot 2^{2k} - 1}{2^{3k+2} \cdot 3!}c_n^3 + \frac{(1^2 \cdot 2^{2k} - 1)(3^2 \cdot 2^{2k} - 1)}{2^{5k+4} \cdot 5!}c_n^5 + \cdots.$$

由 $s_{n+k+1} = 3 \times 2^{n+k-1} c_{n+k}$，有

$$\frac{s_{n+k+1}}{3} = 2^{n-1}c_n + \frac{1^2 \cdot 2^{2k} - 1}{2^{2k-n+3} \cdot 3!}c_n^3 + \frac{(1^2 \cdot 2^{2k} - 1)(3^2 \cdot 2^{2k} - 1)}{2^{4k-n+5} \cdot 5!}c_n^5 + \cdots.$$

若"以十二觚之幂为率消息"，即 $n=1$，则

$$\frac{s_{k+2}}{3} = 1 + \frac{1^2 \cdot 2^{2k} - 1}{2^{2k+2} \cdot 3!} + \frac{(1^2 \cdot 2^{2k} - 1)(3^2 \cdot 2^{2k} - 1)}{2^{4k+4} \cdot 5!} + \cdots.$$

但 $s_{k+2} \to \pi(k \to \infty)$，故

$$\frac{\pi}{3} = 1 + \frac{1^2}{2^2 \cdot 3!} + \frac{1^2 \cdot 3^2}{2^4 \cdot 5!} + \cdots.$$

祖冲之求 π 也可用刘徽的弧田新术

$$s_n = 2^{n-1}rc_{n+1} - \frac{1}{2}c_1(r-d_1),$$

由

$$c_{n+1} = \frac{1}{2^n}c_1 + \frac{1^2 \cdot 2^{2n}-1}{2^{3n+2} \cdot 3!r^2}c_1^3 + \frac{(1^2 \cdot 2^{2n}-1)(3^2 \cdot 2^{2n}-1)}{2^{5n+4} \cdot 5!r^4}c_1^5 + \cdots,$$

有

$$s_n = \frac{1}{2}c_1d_1 + \frac{1^2 \cdot 2^{2n}-1}{2^{2n+3} \cdot 3!r}c_1^3 + \frac{(1^2 \cdot 2^{2n}-1)(3^2 \cdot 2^{2n}-1)}{2^{4n+5} \cdot 5!r^3}c_1^5 + \cdots。$$

令 $2x = c_1$,则

$$s = \lim_{n \to \infty} s_n = d_1 x + \frac{1^2}{3!r}x^3 + \frac{1^2 \cdot 3^2}{5!r^3}x^5 + \cdots。$$

若弧田为半圆,则 $x = d_1 = r$, $s = \dfrac{\pi r^2}{2}$,于是

$$\frac{\pi}{2} = 1 + \frac{1^2}{3!} + \frac{1^2 \cdot 3^2}{5!} + \frac{1^2 \cdot 3^2 \cdot 5^2}{7!} + \cdots。$$

以上分析表明,祖冲之可能用到形式级数方法,传统割圆术为此提供了必要的基础。另外,相应的一套代数表示法是必不可少的,这个问题只需灵活用率就能解决。

率有分类、排序和对应的功能,它能起到某些数学符号的作用,故可用于形式级数。原始的分类和排序,譬如,阴阳奇偶之说,只能诉诸不可归约的综合性心智行为。率则取决于相与规则,定义是算术的:"凡数相与者谓之率。"例如,

$$f(a,b) = f(ka,kb) = f\left(\frac{a}{k}, \frac{b}{k}\right) = \frac{b}{a},$$

"有分则可散,分重叠则约也。等除法实,相与率也"。相与率对应于整个等价类 (na, nb),所以"率者自相与通"。

率可用于各种对象的排序及相与,例如,"一率半径,二率通弦,三率倍矢",相与关系为

$$r : c_n = c_n : 2d_{n-1}。$$

中算史上无穷的算术由此起步,普通的加法和乘法运算被扩张为多项式的四则运算,是由二率的内部结构所决定的。收敛性未能成为焦点问题,似乎无穷多项式必有一和,古代级数论的形式特征由此得到说明。

此外,《缀术》还涉及一种形式级数的变换方法,它能建基于刘徽的方程论。

秦九韶(1833~1902)似乎见过《缀术》,他指出缀术推星是"以方程法求之"。事实上,缀术推星的关键是两个步骤,即由级数法确立关系,而以方程法实施变换。

根据《隋书》记载,缀术涉及"开差幂、开差立……",很可能是二项式系数的反演。设

$$y_n = (1+x)^n = 1 + nx + \frac{n(n-1)}{2!}x^2 + \cdots,$$

则有"开差幂、开差立……"

$$x^n = y_n - ny_{n-1} + \frac{n(n-1)}{2!}y_{n-2} - \cdots,$$

由此可得方程法。如果 x 为 t 的多项式,则 y_n 亦为 t 的多项式。并且,如果它在 $1, t, t^2, \cdots, t^n$ 和 $1, x, x^2, \cdots, x^n$ 上的坐标分别为 A 和 B,即

$$y_n = AT, \quad y_n = BX,$$

则

$$AT = BX = BMT \text{。}$$

其中 M 是由 T 到 X 的过渡阵,由此易得 $X = MT$。由于 T 的元素线性无关,因此

$$A = BM \text{。} \tag{14}$$

又因 T 的无关性保证了 M 的可逆性,故

$$B = AM^{-1} \text{。} \tag{15}$$

祖冲之或许掌握了(14)和(15),它们只需用到已有的方程法则,并未超出刘徽的方程论知识。据此,不仅可以说明缀术推星的方法,而且可以说明缀术求 π 的方法。

至清代,中算家再度尝试用缀术求 π,关键还是变换(14)和(15)。它们导源于朱世杰(13~14世纪)的垛积招差术,也即二项式系数的反演关系。

第三节 推 理 形 式

明末清初历法改革的实践表明,西学确实也有经世致用的价值,《原本》的作用不容低估。不过,西学虽有定法可资利用,但其可靠性有待证实,人们还不清楚《原本》的步骤是否足以确立它的结果。中算家发现自己面临两种选择,要么证实定法本身的可靠性,要么证实立法手续的合理性。前者取决于西法是否能由中算导出,后者取决于中法是否能由西算导出,数学论证与推理形式的发展变化由此限定。

一、数学论证

历法改革对人与天理共存绝对重要,为此需要引进西法中"吾法之不逮"者,

然而学者对此格外谨慎。由于知识传统不一样，引进必须经过会通，会通需要论证。数学论证由此获得发展，西算于是得以合法化，虽然丧失了它的实质。

中算具有理论技术化的特点，由于缺少极力追求普遍性的思想主张，中算家未能发展出理论数学。明末西学东渐，西学也称天学，主要是关于天主的学问，也包括天算知识及其他知识。徐光启是最先接触《原本》的中国学者之一，他对其中数学关系的逻辑力量大为折服，认为此书神明之至，驳不得也疑不得。他觉得掌握《原本》可以净化国学，能令"学理者祛其浮气、练其精心，学事者资其定法、发其巧思"，所以"举世无一人不当学"。理学的"浮气"与它只认可动态的观念有关，"原本"涉及纯粹静态的观念。他感到国学的发展需要这种稳定因素，并相信"百年后必人人习之"。

徐光启的创新工程遇到两个方面的困难：一个来自《原本》的体例，一个来自中算传统。《原本》的体例与《易经》略同，定义先于定理，定理先于证明，结论则是"万无一失的神物"。由于掩盖了发现定理的经过与概念形成的过程，这种模式并不适合作为发现的逻辑。经过一番比较，他发现中西数学的结果大致相同，然而中算"第能言其法，不能言其义"。由于"其义全阙"，中算知识的传承往往出现问题。及至需要应用时，人们不得不从头再来。于是，徐光启试图将"明理辨义"引入传统数学，以便"在今日则能者从之，在他日则传之其人"，却不料遇到了另一个困难。困难来自中算家的知识传统，中算家坚持儒学传统，否认任何超越于现象的存在。儒学认为，精神不能超出物质世界以外，理性不能超出感觉范围之外。因此，中算家觉得，知识不可独立于经验。在他们看来，数学真理是道的体现，道只有通过物质世界才能实现，所以一般原理只有通过观察与思考才能掌握。

观察与思考的能力有助于人与天理共存，天理与自然秩序或者等级秩序保持一致。因此，违背天理的任何举动都能危害君国社稷。西法暗通西学，西学暗藏祸根。它的理论基础涉及与儒学对立的概念，这对王道不利。西学的实体超出常规存在之外，西士以其"天主"附会儒家经典中的"天"或"上帝"，然而"道成肉身"的说法似乎无法自圆其说。士大夫感到西学破坏了儒学关于天的定义，并且怀疑西算也有同样的破坏作用，因为它同样建基于能使存在独立于现象的概念之上。儒家未就自然与其造化力作出区分，西士的说教隐含着天人对立的思想，这对儒者来说完全是异己的。[19]名理之儒不能审辨西算与西学的区别，无法判定理论数学是否离经叛道、演绎系统会不会伤天害理，他们担心西法"暗伤王化"。于是，人们继续观察与思考以往各种经验，试图由此归纳出一般的法则，拒绝将演绎先于归纳的结论纳入数学的实体。

徐光启意识到，为了吸收西学，重申理论功能还不如强调应用价值有利，全盘西化不如会通中西。于是,他提出"翻译、会通、超胜"计划,转而主张"熔彼方之材质,入大统之型模"。有些学者接受了他的主张,而且有所发挥。例如,薛凤祚力图"熔各方之材质,入吾学之型范",为"中学为体,西学为用"开了先河。

由于存在中西之见,西法是否可接受,取决于它能不能解释清楚"西法之根"。在半个多世纪里,人们试图从文化方面解释清楚中西数学孰优孰劣。这样的努力直到康熙年间也未达到令人满意的程度。梅文鼎注意到,对立是由文化冲突而非数学矛盾引起的。在他看来,数学的合理性只依赖于原理的必然性而与文化背景无关。于是决定将中西两家之法"各极其趣",从内部"考其异同,辨其得失",然后说明"理实同归"。

梅文鼎确信中算能解西法之根,因为中算是合理的,而且是完备的。完备性来自古代圣贤的"声教洋溢,无所不通",中算既有量法,也有算术,方程与勾股"皆其最精之事"。算术极于方程,量法极于勾股,所以"九章之义包举无方",虽西法之巧概莫能外。关于勾股西人已有详论,至于方程,梅文鼎感到近代学者丧失了它的实质。据他分析,古代的理论化说明了"方程残缺之故",近代的技术化说明了"方程谬误之故",这是因为理论知识"不为近用所需",技术化的结果"一再传而多误"。时人以方程"多取近用",认为"非其精且大",不如勾股可以量天测地。他指出,这是社会学的观点而非数学的观点,数学对象的研究价值并不依赖于它的社会学意义,数学研究的理论意义并不取决于它的实用价值。为了维护传统数学的完备性,他使"方程之沿误皆正",于是"九数阙而复全"。

中算的合理性表现在"算术恃计,测量恃目",几何命题的可靠性取决于图形的证明力,而算术结果的正确性取决于量的生成原理。梅文鼎认为,"古人用勾股开方已尽测量之理"[20],其中一个结果被看作立法之根,合理性归之于面积变换。也就是说,几何的基础可在直角三角形与矩形的关系中找到,它的实在性完全由直观证据所决定。

至于算术,它与几何"实惟两途"。和较是"万算之纲",关键是正负概念。

> 正负犹阴阳也。各行中各有正负,犹两仪之生四象也。乘而交变,犹刚柔相推而生变化也。隔行之正,本行以为负;隔行之负,本行以为正。真阴真阳,互居其宅也。同名相减者,阴阳之偏,不得其配也;异名相并者,阴阳得类,雌雄相食也。是皆有自然之理焉,可以思古人立法之原矣。[21]

符号规律取决于"自然之理",因为正负之变符合阴阳之道,而道法自然。纯粹的算术关系可归之于自然,而不必征之于图形。例如,开方作法本源图"三乘方以上不可为图,……然其理则有可言者焉。以其相生之序言之,则皆加一算法也"[22]。

梅文鼎试图摆脱文化偏见并排除社会学观点,努力从内部说明数学的合理性,这有利于中算理论的发展。然而对于古代知识的失传与理论技术化的关系,他宁愿把后者归咎于前者而不是相反,这是发展数学论证与维护知识传统之间无奈的选择。数学原理及其功用"原无中外之殊",为西算的结果提供中算的解释似乎没有必要,然而舍此无以说明"算不违天"。由于存在西学与儒学的冲突,数学论证只有符合传统知识才是正当的,西算的结果只有通过中算的解释才能合法化。

清初士大夫多以为几何学不合古代的传统,但梅文鼎发现它"不尽戾于古",并在传统数学里找到了它的基础。在他看来,几何学是度量图形的学问,等积变换或者出入相补说明了它的原理。

> 量面者必始于三角,量体者必始于鳖臑,皆有法之形也。……面之可以析为三角者,即为有法之面;体之可以析为鳖臑者,即为有法之体。[23]

凡能析为三角或者鳖臑的图形均可度量,凡能度量的图形皆为有法之形,一切有法之形都不出勾股之外。立体几何有赖于平面几何,面积变换说明了平面几何之根,勾股术是面积变换的最精之事,所以"几何即勾股"。球面三角问题可化为平面三角问题,进而可化为勾股问题,因此"三角即勾股之变通"。

梅文鼎的工作表明,如果中算不是违背天理的,那么西算也不违背天理,因为它们的数学原理是一致的。所以西法"有合于古圣之教",还能"补益王化"。

> 东西共戴一天,即同此勾股测圆之法。当其心思所极与理相符,虽在数万里不容不合,亦其必然者矣。……法有可采,何论东西。理所当明,何分新旧。……务集众长以观其会通,毋拘名相而取其精粹。[23]

数学原理是必然的,中西数学对象具有相同的性质,必定按照同样的规律进行。中西两家之法不容不合,终极原理必为勾股测圆,因为中西两家"共戴一天"。梅文鼎从天的概念中悄悄抽掉道德含义,避开文化冲突引起的种种麻烦,说明了采用西法的正当性。

通过确认西法与中算系统的一致性,梅文鼎证实了西算的可靠性,却丧失了理论数学的实质。但这并不完全是认识论的问题,由于儒学与西学的对立,他别无选择。西学称理论数学纯属人类的精神创造,其实在性完全由逻辑关系所决定。儒者将它"屏为异学",因为它把理性与感觉对立起来,似乎与鬼神相通。如果讨论中西数学的结构差异,必定涉及鬼神的性质,这不利于引进西法。梅文鼎感到,会通儒学与西学既不可能也不必要,数学的实在性与此毫不相干。他从几何直观方面找到了两家之法的统一因素:"测算必有图……厥理斯显。"[24]他以为图形不仅可以说明问题,还可作为推理,这种看法符合古代的观点。

古代的观点认为,数学关系的逻辑力量依赖于可供观察的经验事实,物质世界的直观合理性足以保证数学命题的可靠性。据此,他发展了中算论证并保留了传统形式，这并不是"平心观理"的结果。果真以平心观理，等积变换不能说明理论数学的基础。然而，非此不足以"去中西之见"。在明末清初，中国数学不可能全盘西化。为了引进西法补益王化，唯一的希望是为它们提供中算的解释。

二、论证形式

徐光启与梅文鼎是明末清初数学会通的典型代表，他们的工作表现出了不同的特点。会通方向进入清代以后才发生根本转变，至于论证形式的变化，自徐光启便已开始。

《勾股义》表现了徐光启的会通方式，内容包括勾股容方、容圆问题，以及勾股和较相求问题。他想通过明理辨义，实现中算知识的严密化与系统化，相关讨论也很别致。关于勾股容方术，传统方法有赖于全等关系，勾中容横等于股中容直

$$(a-x)(b-x)=x^2,$$

由此得出

$$(a+b)x=ab。$$

其中 x 为方边。徐光启的论证仅涉及相似关系，由

$$(a-x):x=x:(b-x)=a:b, \qquad (16)$$

给出

$$x:a=b:(a+b)。\qquad (17)$$

这与传统结果等价而条件弱化，并且综合运用比例的各种性质，理论的增长显而易见。但他只提供了必要性证明：

甲乙与甲戊若乙癸与乙丙，分之即甲乙与乙戊若乙癸与癸丙。是甲乙与乙丙亦若乙癸与癸丙也，又甲辛与辛壬若壬癸与癸丙，更之即甲辛与壬癸若辛壬与癸丙也。而辛乙与壬癸等、乙癸与辛壬等，则甲辛与辛乙若乙癸与癸丙矣。夫甲乙与乙丙即若乙癸与癸丙，而甲辛与辛乙又若乙癸与癸丙，则甲乙与乙丙亦若甲辛与辛乙。

将(17)"分之"，即由反比与更比

$$a:x=(a+b):b, \quad (a+b):a=b:x,$$

得到分比

$$(a-x):x=a:b, \quad b:a=(b-x):x。$$

然后"更之"，即由反比得到(16)。徐光启可能以为这是充分性证据，事实上(17)可由(16)导出，只需运用更比及合比性质。传统方法建基于面积关系，新方法独立于面积关系，这说明了概念的进化。传统勾股术并不依赖于角度、平行等概念，但

在《勾股义》中它们却有基本重要的意义，勾股理论由于引用了这些概念似乎稍加严密。

证明容方术之后，徐光启又回到古代的传统，并且严密化是以丧失简单性为代价的。例如，证明勾股容圆术，他引用新概念解释面积关系，却把简单问题复杂化了。勾股和较术也类似，它们取决于勾股恒等式，是由面积关系所确立的。例如，"勾股较求勾、股"，它取决于

$$(a+b)^2 = 2c^2 - (b-a)^2,$$

是由磬折形与矩形的关系所确立的。根据现代的观点，勾股恒等式虽然可有直观解释，却并不依赖于这样的解释。它们完全由因式分解与乘法公式所决定，其可靠性只和等价性有关，而与直观证据无关。《几何原本》恰好相反，它使算术依赖于几何。因此，对于勾股算术，徐光启往往"第能言其义，不能言其法"。有些恒等式两两对称，只需勾股对调或者变号即可互求，无需另立新法。但在那个时代这是不允许的，人们无法使勾股算术摆脱几何直观，《勾股义》的贡献与局限由此限定。严密化目标由于引用新概念而部分实现，系统化目标由于无法摆脱直观而未能实现。

梅文鼎的目标是重建中算的基础，然后通过中算的解释，使西算的结果合法化。他感到算术可取决于自然之理，不必依赖于几何解释。几何可取决于"用量法"，不必依赖于面积关系。因此，他的勾股算术有所创新。

早期中算家并不觉得(3)具有一般意义，直到梅文鼎，它才得到进一步的推广和使用。梅文鼎推出较为一般的因式分解公式，并提供了几何解释。但他似乎意识到，它们并不依赖于这样的解释。由古代的(4)直接可得乘法公式(5)，其中每项均可变号。梅文鼎取消了古代的符号限制，却没有像往常那样一一作出几何解释，因为每种情形"皆有自然之理焉"。他认为，纯粹的算术关系不必征之于图形，这有利于算术的推广使用。

梅文鼎的"弦与勾股和求勾股用量法"特色鲜明，它并不依赖于面积关系，表现了勾股术的重要变化。题设

$$a+b=r, \quad a^2+b^2=c^2,$$

已知c及r，求a与b。对此以往都用代数解法，依据是面积变换，这里是纯几何解法。命题证明之前，他先给出两条引理，规定出问题有解的条件

$$1 < \frac{a+b}{c} \leq \sqrt{2},$$

其中a，$b>0$。引理没有证明，但有图说为证，反映出古代的知识传统。命题证明依据如下原理：等弧所对边角相等，反之亦然。其证明风格秉承注释传统，说明多

于证明，显得不够清晰，其好处是保存了问题转换的经过与发现定理的过程。

令 $a = kb$，则
$$k = \frac{c^2 - r\sqrt{2c^2 - r^2}}{r^2 - c^2}。$$

于是
$$b = \frac{r}{k+1} = \frac{1}{2}\left(r + \sqrt{2c^2 - r^2}\right),$$
$$a = \frac{kr}{k+1} = \frac{1}{2}\left(r - \sqrt{2c^2 - r^2}\right)。$$

证明的关键是两线
$$y = kx, y = \frac{1}{k}(c - x)$$

的关系。它取决于三角形的性质，转而依赖于等弧所对之边角关系，由此发现引理1："凡半圆内，作两通弦至圆径两端必为勾股，而圆径常为弦。"

勾股和倘不大于弦或大于弦上斜线，则不存在满足要求的解，于是又发现了引理2："勾股和之最大者以略小可弦上斜线而止，其最大者以稍大于斜线而止。"梅文鼎尽量找出隐蔽引理，然后把它们并入命题证明之中。这有别于传统做法，有利于知识更新。尤其引人注目的是，数学关系的变化，其重点不在于数与数或者数与量的关系，而在于量与量的关系，包括弧与角、角与边的关系。由此获得的普遍性，传统勾股术有所不逮，它有助于人们理解数学的独立性。

另外，勾股术仍是中算家理解几何现象的重要手段，梅文鼎的"几何即勾股"便说明了这一点。他发现，"几何"与"勾股"之间存在一些等价关系，于是他得出结论，认为几何不出勾股之外。据《几何原本》，如果
$$2y = x + z,\ x < z,$$
则
$$xz + (z - y)^2 = y^2。$$

梅文鼎为此提供了中算的解释，令
$$a = y - x = z - y,\ c = y,$$
则
$$(c - a)(c + a) + a^2 = c^2。$$

由股实之矩，a，c 必为勾、弦，而 x，y，z 即勾弦较、弦与勾弦和。类似地，他还解释了其他一些命题。例如，三角形与内容圆的关系
$$rs = \sqrt{s(s-a)(s-b)(s-c)}。$$

其中 a，b，c 为三角形的边长，r 为内圆半径，s 为半总
$$s = \frac{a+b+c}{2}。$$

梅文鼎称"三较连乘之理亦勾股术也"，然而他的结果是由相似四边形的性质所确立，是以角度概念为基础的。他可能也清楚，这与勾股术并不相干，而且这种解释只会使问题复杂化。但他出于文化方面的考虑，还是"于无勾股中寻出勾股"，新概念在此难以得到自由发展。无论如何，通过类似的解释，欧氏几何得以合法化，虽然丧失了它的实质。

梅文鼎以勾股解释"理分中末线之根"，似乎尺规作图取决于勾股而非相反，这就丧失了尺规作图的理论特性。尺规作图的基础涉及数学实体与几何现象的关系，理分中末线虽然可有勾股的解释，却并不依赖于这种解释。梅文鼎主张"几何恃目"，他绝不可能将数学的实在性诉诸某种抽象的原则，因为这样的观点与儒学观念相对立。他很清楚，对于西算的结果必须给予传统的解释，不然无法更新知识。于是，他以传统的名义，大量吸收西算的概念与方法，为中算的进步注入活力。例如，他以勾股术的名义，引进了连比例的递加法，在清代级数论中得到富有成效的应用。

他以同样的名义引进"角"、"平行"等概念，在他后来的工作中发挥了重要作用，以下工作便是一例。对于勾股形，如果勾股分别为 a 与 b，则勾股所容正方形边长
$$d = \frac{ab}{a+b}。$$

梅文鼎证明，对于底和高分别为 a 与 b 的三角形，这个结论同样成立。传统的勾股容方术被推广为一般的三角容方术，依据是"垂线"、"平行"、"交角"、"截形"与"切形"等概念。这些概念与面积变换毫不相干，这有别于古代的传统。由于接受了几何学中有关相似的一些基本概念，在比例论中，面积变换不再是必不可少的。

另外，中算家虽然接受了《原本》的一些概念，但是这些概念的进化仍受到传统知识的制约。传统数学的基本原则是"征之于实"，其实在性完全由经验证据决定，由此生成的概念必定只和常识有关。《平三角举要》的体例开始向《原本》靠拢，既有定义也有证明，然而概念进化的方向并未改变。梅文鼎定义中的概念描述很能说明问题：点如"针芒"、线如"日月相距度"、面如"田畴界域"、体如"圆塔、方塔"，等等，它们经过改造都具备了传统特色。角度概念在欧氏几何中具有基本重要的意义，欧氏定义中垂直取决于直角，直角取决于等量关系。传统概念恰好相反，直角取决于垂直，垂直取决于矩的实在性。梅文鼎的定义摆脱了矩的实在性，但仍有赖于空间直观。锐角与钝角概念取决于它们同直角的关系，直角取决于"十字纵横"，角度

概念尚未真正建立起来。

梅文鼎认为，三角学出自割圆术，因为"角之度生于割圆"。割圆之法中西有别，古法用勾股而西法用三角，三角术区别于勾股术的特点在于边角关系。西法涉及八线，在概念上"其类稍广"。古法仅涉及正弦，但"正弦为八线之主"，与八线相通而且更为基本。割圆八线"以六宗率"，初值则中西兼顾，由此可见，"理之至者先后一揆，法之精者中西合辙"。所以采用西法是正当的，它是安全的。梅文鼎证明了一系列三角公式，自由地运用了"角"与"平行"的概念，并强调此"乃正理，非旁证也"。关于"正弧三角形以八线成勾股"，他以平行为条件，然而平行条件既无必要也不充分。他并没有规定出充分条件，但却由此得到正弧形的正弦定理，进而得到斜弧形的正弦定理。

梅文鼎关于球面三角学的讨论涉及多种形式的余弦定理，割圆八线的和、差与积的关系是由此引出的一个问题，他称之为"加减法"，并给出图式证明。根据弧度大小，图式有所不同，由此引起符号变化，却未能引起注意。变号现象与割圆八线的基本性质有关，对这种现象的研究是使三角学独立于几何学的步骤之一，其前提是必须将边角关系作为专门的研究对象。利用角与平行的概念，在确立边与边的关系方面，梅文鼎获得了空前的成功，虽然边角关系未能成为专门的研究对象。

三角学的重点不在周率，而在八线概念及其性质。梅文鼎似乎没有注意到，这有别于传统割圆术。传统割圆术的目标是求 π，弦矢概念本身并未成为进一步研究的对象，它们的性质并没有受到特别的关注。由于只和勾股定理有关，仅仅涉及边与边的关系，它们无法发展成为三角学的概念。西术的发展是指向三角函数方向的，梅文鼎以勾股解释割圆八线，无疑丧失了它的实质。但他别无选择，要么拒绝西法，要么使之通于古法。通过传统的解释，他消除了大部分人对理论数学的疑虑。于是，西法成为可接受的，割圆八线的许多性质随即进入中算，虽然概念的进化仍受知识传统的制约。

三、论证结果

数学会通引起中算理论的增长，但是在此基础上的增长存在一个阈值。这与会通工作的性质有关，会通的目的是引进西法，以便实用。为此只需改变人们对西算的看法，无需改变他们对数学的看法。理论增长的方向与速度由此限定，概念的进化受到传统的制约，一般关系未能成为主要目标。

古代的传统视数学为算学，几何关系常用于解释算术原理，但它本身并未成为主要的研究目标。梅文鼎把数学分为量法与算术两个部分，"尽管这一划分不够精确，但在当时不愧为一个相当进步而又成功之举"[25]。几何关系成为重要的研究对象，算术开始独立于几何，多样的古法开始得到统一的解释。

推理需要稳定的前提，稳定性与概念明确与否有关，但是古代学者对此没有提出特别的要求。梅文鼎很重视基本概念的建设，论证之前都要"先正其名"，因为"名不正，则言不顺"。通过尺规作图，引进许多新概念，引起一系列变化。量与量的关系成为重要的研究对象，出入相补在比例理论中不再是必不可少的。变化在于普遍性的提高，更重要的是独立意识的觉醒：数学可以经世类物，却非特为"近用所需"。

运用西算的概念和方法，梅文鼎为古代的某些知识注入了新的意义，提出并解决了一些新问题。勾股容方术与容圆术被注入新的意义，成为一般三角容方术与容圆术。圆与圆的关系未能成为古代学者感兴趣的问题，梅文鼎考虑了大圆容小圆的问题。它成为中算家进一步研究的课题，还对和算家的累圆术产生过一定的影响[26]。传统数学涉及多面体的内容不是很多，梅文鼎引进并探讨了多面体的若干性质，涉及多面体与多面体的关系，以及多面体与球的关系。在研究正二十面体时，他应用了理分中末线的性质，线段间的这种关系随后被纳入中算。梅文鼎还探讨了理分中末线的递加性，这是中西会通的结果，在清代级数论中得到重要应用。

中国古代的面积与体积理论均与勾股术有关，平面图形的基本要素是勾股形，立体图形的基本要素则是具有勾股形面的阳马和鳖臑。梅文鼎以三角形取代勾股形，以立三角取代阳马和鳖臑，从而发展了传统理论。

量面者必始于三角，量体者必始于鳖臑，皆有法之形也。量面者析之至三角而止，再析之仍三角耳；量体者析之至鳖臑而止，再析之仍鳖臑耳。

面之可以析为三角者即为有法之面，体之可以析为鳖臑者即为有法之体。

盖鳖臑即立三角之异名也，量体者必以立三角，非是则不可得而量。[23]

鳖臑即立三角，而立三角"体形不一"，未必就是鳖臑。称图形为有法之形，如果它可度量。图形可度量，当且仅当它能析为三角或立三角。多面体与球体皆为有法之形，因为多面体总能析为棱锥，而棱锥总能析为立三角。至于球体，它四倍于大圆为底、半径为高的圆锥体，而圆锥体则是由小立三角"无数以成之者"。于是，他得出结论："量体者必以立三角，非是则不可得而量。"

数学会通促进了知识的更新，并引起了技术的变化。古代用勾股测天，梅文鼎改用弧三角，因为"其简百倍，而得数且真"[27]。为此，他独立引进"视法"，将不可量化为可量。古代测量用矩，他代之以象限仪，勾股测望术被推广为三角测量术。古代学者用到相似形的性质却未能引出相似的概念，三角测量术建立在以角度概念为基础的相似理论之上。勾股关系代之以割圆八线的关系，测量术不再需要面积变换，而且可用于任意角度。由此扩大了测量的范围，提高了精度。

第一章 古代的知识传统

沿着梅文鼎的几何路线，清代学者进一步探讨割圆八线的性质，给出了幂级数展开式。他们把梅文鼎的"递加法"与"加减法"联系起来，发展出割圆连比例法，得出分弧弦矢与全弧弦矢的关系。这种关系涉及二项式系数，在中算和西算里，由此引起不同的问题转换。中算家关注的是它涉及二项式系数的意义，西算家关注的是它涉及二项式的意义。关注的焦点不同，由此导致概念进化的方向不同。西算家从数量关系的形式结构方面找到了问题的答案，通过三角函数与指数函数的关系，说明了弦矢与二项式的关系。中算家说明了弦矢与递加数的关系，以及递加数与二项式的关系。至于弦矢可对应于二项式系数的意义究竟何在，则没有说清楚，因为它取决于纯形式的定义。

古代学者未尝使算术独立于几何。梅文鼎明确提出，算术可取决于自然之理，不必依赖于几何证据。在这种思想的指导下，他论及算术运算律。在中算史上，这是头一回。他整理出《授时历》中的招差术，并说明了它的一般原理，此前"未有能言其故者"。梅文鼎试图恢复古代的方程论，这个目标并没有完全达到。但是，在纠正沿误方面取得了一定的效果。在代数变换方面，甚至有所突破。[28]

古代的数学成果往往要经过技术化处理，技术化的结果会以各种各样的形式出现，譬如，粟布、衰分、均输及盈朒，等等。梅文鼎发现，"杂法不能御方程而方程能御杂法"，杂法在理论上可以得到统一的解释，虽然它们单独不能说明一般原理。粟布主要包括"其率术"与"反其率术"，题设

$$x+y=A,\ kx+(k+1)y=B,$$

或

$$x+y=A,\ \frac{x}{k}+\frac{y}{k+1}=B。$$

其中 A，B 均为已知，$k=\left[\dfrac{B}{A}\right]$ 或 $k=\left[\dfrac{A}{B}\right]$。因

$$kx+ky=kA,\ (k+1)x+(k+1)y=(k+1)A,$$

或

$$kx+ky=kA,\ (k+1)x+ky=k(k+1)B,$$

故

$$x=(k+1)A-B,\ y=B-kA,$$

或

$$x=k[(k+1)B-A],\ y=(k+1)(A-kB)。$$

类似地，衰分、均输及盈朒等古代算术的结果都可归结为方程的解，梅文鼎为此提供了大量的例证。[21]此前，在理解中算的结构时，人们往往从适用范围方面而

不是数学原理方面寻找不变因素。梅文鼎的工作产生了广泛的影响，其思想方法为后世学者所接受，中算理论由此得到进一步发展。

后来中算家改进了梅文鼎关于若干几何命题的论证，但是梅文鼎的推理中存在的一些问题依然存在，这与古代的传统有关。古代的传统是以面积关系解释线段关系，类似地，清代中算家尝试以体积关系解释面积关系。至于这些变换的条件，则没有明确的规定，因为他们相信感觉。徐有壬(1800~1860)全凭感觉将三倍截球对应于"立方"，而不涉及变换的任何条件。研究有条件的等积变换，曾在西算里引起显著增长。数学的发展表明，对于确立圆方关系，感觉既不可能，也不必要。徐有壬的割圆八线也是被作为几何对象来研究的，直到晚清，一般学者都不觉得有必要区别三角学与几何学的概念。多样对象未能引起学科变化，中算维持着稳定的二元结构，直到它被放弃。

明末清初是一个特殊的时代，面临意识形态分歧，中算家必须作出选择，数学发展方向由此决定。中算的发展方向没有改变，一般关系未能成为主要目标，这与官方意识形态的权威有关。引进西法存在风险，士大夫怀疑它具有破坏作用，因为西学与儒学之间存在冲突。

中算家注意到，西算具有区别于西学的特性，其结果符合现象。梅文鼎感到有必要将数学独立于哲学，认为数学的天是自然的天，自然的天并无中西之别。他发现，通过发展古代的数学论证，既能吸收西法，又可免受其害。纯粹的形式定义与古代的知识传统不相容，数学论证坚持"征之于实"，排除了纯形式推导的可能性。

《原本》说明了西法之根，梅文鼎以勾股解释《原本》，无疑丧失了它的实质。但他别无选择，公理化的演绎系统似乎暗通鬼神，君子"掩卷而不谈"。况且数学理论也不是"近用所需"，实际需要的是西法而非西法之根。因此，唯一的选择是使西法通于古法。梅文鼎的几何论证体现了中算家对演绎关系日益增长的兴趣，虽然证明并不完全成功，这种尝试却表现出了论证思想的重要变化。数学问题可以自由转换，唯一的要求是它能征之于实，这对中算概念的发展无疑具有积极的意义。

不过，概念的进化仍受知识传统的制约，传统数学讲的是经世类物而非一般关系，它的实体与任何先于或独立于经验的知识都不相干。梅文鼎的有些证明以角度概念为基础，与勾股并不相干，却"于无勾股中寻出勾股"。为了引进西法必须坚持古代的传统，在传统观念下新概念难以得到自由发展。

总之，概念的进化与论证的形式有关，论证的形式与会通工作的性质有关。会通的目的是引进西法，为此必须改变人们对西算的看法，但不能触动人们对数学的看法。梅文鼎的工作对中算理论的发展有着不同性质的影响，他的论证有利于接受西算概念却无助于这些概念的进化，他对数学的分类有利于算术与几何各自的

| 第一章　古代的知识传统

发展却无助于代数与三角各自的独立。

在梅文鼎的带动下，中算家吸收了更多的西法，然而代数问题受到实在现象的支配、三角知识受到几何概念的制约，微积分也被认为是几何学的一个分支。中算家必须坚持古代的知识传统，不能涉足数学关系的形式结构，以免暗伤王化。由于人们对数学本质的设想没有改变，一般关系无法成为数学研究的主要目标，这是中算概念发展缓慢的原因之一。

第四节　结 构 特 点

面积关系、递归关系与近似关系说明了古代的有关知识与特点。清代学者以线段关系取代面积关系，改进了古代的递归关系，最终以精确关系取代了近似关系。

一、立法之根

从形式的观点看，勾股算术的立法之根只有(1)、(2)、(3)，其他结果均能通过恒等变形得到。不过，清初学者还没有形成这种观念。如前所述，梅文鼎坚持立法之根为面积关系。

直到 19 世纪，由于项名达的工作，勾股算术才开始形式化。他发现，(3)等价于(7)，而(7)说明了"诸术开方之所以然"。

> 凡有连比率三率，仍其首率，而以首率、中率相减为中率，则其末率必为原首率、末率相加，转减倍中率之数；仍其首率，而以首率、中率相加为中率，则其末率必为原首率、末率相加，更加倍中率之数。……
>
> 凡有三率连比例，欲易为四率相当比例，仍其首率、中率，为一率、二率，而以首率、中率和为三率，则其四率必为中率末率和；以首率、中率较为三率，则其四率必为中率、末率较。[29]

设 A, B, C 为连比例三率，则

$$\frac{A}{B}=\frac{B}{C} \Rightarrow \frac{A+B}{A}=\frac{B+C}{B}=\frac{A+2B+C}{A+B},$$

故

$$(A+B)B = A(B+C),$$
$$(A+B)^2 = A(A+2B+C),$$
$$(A+B)(B+C) = B(A+2B+C)。$$

项名达令

得到(5)和
$$A = b+c,\ B = a,\ C = c-b,$$
$$(a-b+c)(b+c) = a(a+b+c). \tag{18}$$

同理可得
$$(a+c+b)(a+c-b) = 2a(a+c),$$

但他没有给出，因为"加减之，可易为术中题也"。

项名达所据为率的更比及合比性质，纯粹的算术关系。其中 A，B，C 几乎是任意的，唯一的要求是，A，C 必须保持同号。这意味着(5)和(18)中每项均可变号，而且 a，b 也能对调。由此可以解释他的全部"更定术"，甚至可以解释所有可能的 21 个勾股恒等式。例如，弦较和或弦较较的乘法公式，既可作为(5)中 a 或 b 变号的结果，亦可作为两者之一勾股互易的结果。但他无法彻底摆脱几何直观，不可能引进如此一般的运算法则。勾股恒等式虽然"可释之以比例"，他仍"绘图以著其理"，小心保留着它们的直观基础。

符号代数传入以后，中算家开始尝试"勾股演代"，由此引起表达形式的一些变化，却未能引起运算结构的变化。符号代数是一种新型的代数学，要点在于形式化的运算法则，以及由此获得的一般性，一般性的获得是它彻底摆脱几何的结果。晚清学者也承认代数公式比传统结果"为用更广"，理由却是"可任以真数入之，则一式而千万式资焉"[30]，似乎一般化的关键不在于它的独立性，而在于表达形式方面。他们将传统的数值结果改写为某种符号形式，这有助于一般化，但很有限。关于(3)中 a，b 互易的结果，江衡(19 世纪)指出，两者同式，只是"所代与前不同耳"。至于
$$(a+c+b)(a+c-b) = 2a(a+c),$$
$$(b+c+a)(b+c-a) = 2b(b+c),$$

则并未觉得它们同式，仍作为独立结果给出。

由于"配成平方一法"在恒等变形中具有重要作用，江衡感到"尤宜明征其理"，办法则是"因录原书之说，复为补图以明之"。他的"演代"工作未能摆脱直观，仍使算术依赖于几何，因而无法充分一般化。杨兆鋆并不依赖于几何关系，他的勾股算术"悉以方程式入之"。但是，他对代数运算的一般性同样缺乏明确的认识。勾股算术并没有被代数化，(1)、(2)甚至没有被分离出来作为立法之根。代数化意味着放弃传统，它需要纯形式的定义，这与古代的知识传统不相容。另外，勾股算术的形式基础能建立在比例概念或率的概念之上，这意味着维护传统。

中算家的比例论建立在率的概念之上，率的运用并不完全取决于几何直观，这有别于西算传统。"衰分术"建基于合比的性质，也即不失本率原理

第一章 古代的知识传统

$$\frac{b_1}{a_1}=\frac{b_2}{a_2}=\cdots=\frac{b_n}{a_n}=\frac{b_1+b_2+\cdots+b_k}{a_1+a_2+\cdots+a_k},$$

其中 $1<k\leqslant n$。令

$$A_k=a_1+a_2+\cdots+a_k,$$
$$B_k=b_1+b_2+\cdots+b_k,$$

则

$$\frac{B_k}{A_k}=\frac{B_{k-1}}{A_{k-1}}=\frac{B_k-B_{k-1}}{A_k-A_{k-1}}。$$

因此，它不仅说明了合比性质，而且也说明了分比性质。

不失本率原理是算术的，专家认为是由幂图所确立的[13]，似乎本末倒置。古代的勾股术与重差术分别用到合比与分比的性质，也许是算术原理应用于几何对象而非相反。率有分类、排序和对应的功能，故具备发展出某种形式系统的潜力[31]，这是西算传统所没有的。根据西方古代的观念，数不可独立于量，算术不可独立于几何。至于符号代数，那是后来形式化的结果，形式化倾向则是东西方数学交流的结果。仅在这种意义上"西学中源"才有可能，而"礼失求野"应该包括形式主义，虽然以率的概念为基础的中算系统与形式定义无关。

明末清初，历法改革势在必行，这对人与天理共存很重要。于是，人们发现了西法的利用价值。作为演绎关系的理想模式，《原本》包含形式系统的全部构成要件，然而它的基本概念却是几何的。也许觉得算术只有通过几何论证才能"明理辨义"，徐光启试图由几何直观归纳出勾股算术的一般原理，由此实现中算知识的严密化与系统化。由于无法摆脱几何直观，徐光启往往"第能言其义，不能言其法"，因而系统化目标未能实现。但他关于勾股容方术的讨论很别致，他的论证并不依赖于面积关系，这为后来的发展开了一个好头。

对于勾股算术的形式化，《原本》的结构具有积极的意义，但是它的几何传统却产生了消极影响。梅文鼎认为，算术与几何"实惟两途"，几何取决于直观证据，算术取决于"自然之理"，这为算术的发展指出了正确方向。不过，梅文鼎本人的勾股算术并未沿此方向发展，这有历史原因，也有个人的原因。由于存在中西之见，梅文鼎别无选择，只能在几何直观方面寻找立法之根。《原本》的结构能使存在独立于现象，自然与其造化力的分离为前提，这与"天人合一"的传统观念不相容。儒者"屏为异学"，京师君子"无不望之反走"，梅文鼎只能坚持中庸之道。

> 数学者征之于实，实则不易，不易则庸，庸则中，中则放之四海九州而准。[32]

他以为数学的实在性需要物理的现实性，于是以用量法改善了勾股算术的作图效能，并维持了古代的面积变换关系。

算术虽能取决于自然之理，但自然之理不能通向形式定义，因为形式定义暗通鬼神。作为中国数学的最高法官，康熙皇帝对符号主义没有任何好感，他的态度是决定性的。直到19世纪20年代以前，一般中算家都不觉得有必要将勾股算术代数化，勾股恒等式都是作为几何关系被研究的。

唯项名达特立独行，他不像梅文鼎那么在意自己与官员的联系，也不那么在乎官方意识形态的权威，所以能够大胆地尝试形式化工作。由此至少导致两个重要结果：其一是勾股算术的形式化；其二是"明安图变换"的完善。项名达意识到，勾股恒等式并不依赖于几何解释。他发现了将它作为算法结构本身的意义，并在其中纯粹的算术关系方面找到了不变因素。通过比例的解释，项名达终于摆脱了面积关系，他的方法与古代的衰分术遥相呼应。

项名达为勾股恒等式的确立提供了代数方法，杨兆鋆由此归纳出形式运算法则，项名达本人没有预见到这样的发展。根据杨兆鋆法则，可得所有可能的勾股恒等式，只需用到(1)、(2)、(3)，基本上实现了形式化。形式化的勾股算术逻辑上清晰、运算上简便，只需用到古代的衰分术，符合"中学为体"的要求。

至于(1)、(2)、(3)是否已经独立于几何，还不清楚，杨兆鋆并未给出它们的形式定义。它们对于某元变号是封闭的，由此决定的和较关系必定服从同样的运算规律，却被认为是相互独立的。乘法表经过勾股互易所得结果完全相同，但是在杨兆鋆看来，它们是不同的两个"比例表"。所有问题最后都被归结为一个竖式方程，也许他用的是传统的开方解法，这种方法一向被认为是中法优于西法的典型例证。[33] 事实上，他的和较方程不超过二次以上，因式分解解法或者根式解法更为简单，勾股算术尚未真正实现代数化。

至20世纪初，随着传统社会的解体，中国数学全盘西化。勾股算术于是完全代数化，它的几何内容被放弃，算术内容被归入初等代数。面积关系终于被判为不相干的而被代数概念所取代，传统解法也被更为简单的代数方法所取代，率的有关概念则被集合论所取代。

二、递归关系

中算家的割圆术是递归的，古代与清代皆然，可能是因为这种结构能建基于率的概念。优点显而易见，递归结构可表为率的形式，可以处理形式级数并且易于筹算。

刘徽的二分弧法说明了传统割圆术的三角学意义，关键是递归关系(8)，其中

$$c_n = 2r\sin\frac{\pi}{3\times 2^n}, \quad d_n = r(1-\cos\frac{\pi}{3\times 2^n})。$$

赵友钦(14世纪)的割圆术结构相同,差别仅在初值方面。他取全周不断平分,得到内接正 $2\times 2^{n+1}$ 边形的面积

$$s_{n+1} = 2^n rc_n。$$

其中

$$c_n = 2r\sin\frac{\pi}{2^{n+1}},$$

具有与(8)完全相同的递归特性与二分结构。

由(8),令 $x_n = \dfrac{\pi}{3\times 2^n}$,有

$$\sin^2 x_n + \cos^2 x_n = 1,$$
$$\sin 2x_n = 2\sin x_n \cos x_n,$$
$$\cos 2x_n = 1 - 2\sin^2 x_n,$$

这使梅文鼎觉得中西数学概念是一致的。然而,这里弧度是以离散方式取值的,与之对应的舷面也是离散的,中西概念并不一致。至于两者之间的对应关系,那时洋人也没有明确的概念。直到欧拉以前,函数概念并未真正建立起来。

随着西学东渐,古代的有关概念被八线概念所取代,但是递归关系却被保留下来。n 分弧法表现了递归结构的变化,是由连比例的"递加法"引起的,这与梅文鼎的工作有关。

梅文鼎在他的《几何通解》中证明,如果

$$M_{n-1} = M_n + M_{n+1}, n = 1, 2, \cdots \tag{19}$$

则 $\{M_n\}$ 适合理分中末比,反之亦然。

梅文鼎的解释直观,结论显然。事实上,若(19)成立,则它的一个特征根为理分中末比率 x,故

$$M_n = M_{n-1}x。 \tag{20}$$

反之,如果(20)成立,则 x 满足(19)的特征方程,故

$$M_{n+1} = M_{n-1}x^2 = M_{n-1}(1-x) = M_{n-1} - M_n。$$

(19)可推广到较为一般的情形。如果

$$M_n = M_{n-1}x_0,$$

其中 x_0 是多项式 $x^k - \sum\limits_{i=1}^{k} k_i x^{k-i}$ 的根,则

$$M_n = M_{n-k}x_0^k = M_{n-k}\sum_{i=1}^{k}k_ix_0^{k-i} = \sum_{i=1}^{k}k_iM_{n-i} \text{。} \tag{21}$$

因此，对任一给定的(20)，由(21)可构成一个等价类，而(21)的每一个特征根可确定一种连比例。

所谓递加法，就是选取合适的 $k_i \in \{-1,0,1\}$，使(21)中的 M_n 成为相似等腰三角形 Δ_n 的边。如果 M_n 是 Δ_n 的底，同时也是 Δ_{n+1} 的腰，则 $\{M_n\}$ 成全序连比例，公比为 M_n 的特征根。如果 Δ_n 以 M_{2n+1} 为底、M_{2n} 为腰，则 $\{M_n\}$ 成偏序连比例，其公比不是 M_n 的特征根。

于是，$\{M_n\}$ 成连比例的充要条件是存在递加法

$$M_{n+k} = \sum_{i=1}^{k}k_iM_{n+k-i}, \quad n \geq 0,$$

其中 $k_i \in \{-1,0,1\}$。n 分弧法的递归特性由此限定。

由此可见，中算家的连比例法不等于借根方法。借根方为全序连比例，割圆连比例则为偏序连比例，特点在于递加性质。梅文鼎的工作与传统递加法一脉相承，传统递加法的起源可以追溯到古代的开方术。开方作法本源图只和数有关，并且它的确立也只涉及数的关系。

依中算家的开方术，每得一商 x_1 之后，都在 $x = x_1 + x_2$ 下变换方程

$$x^k + a_1x^{k-1} + a_2x^{k-2} + \cdots + a_{k-1}x = A,$$

这里大量涉及 $(x_1 + x_2)^n$ 的展开问题。贾宪(11 世纪)发现，展开式的系数可以通过递加而得。

> 列所开方数，以隅算一，自下增入前位，至首位而止。复以隅算，如前增升，递低一位求之。[34]

设 $(x_1 + x_2)^n = \sum_{k=0}^{n}C_n^kx_1^{n-k}x_2^k$，则

$$C_n^0 = C_n^n = 1, \quad C_n^k = C_{n-1}^k + C_{n-1}^{k-1} \text{。}$$

这里系数符号只有计数意义，由此构成一个数表，称为"开方作法本源图"。

梅文鼎以递加法解释理分中末线，可能与此有关。开方作法本源图专为增乘开方法而设，但是，其中包含着与更广泛的经验相符合的关系。两个半世纪以后，朱世杰发现了二项式系数的垛积意义，由此发现垛积与招差的关系。他的工作后来对

清代级数论产生了重要影响。董祐诚称二项式系数为"递加数"，根据他的说法，递加数乃"割圆连比例之法所由立也"。

n 分弧法说明了清代割圆术的三角学意义，表现出它们的递归特性。在明安图的 n 分弧法中，令 x 为半分弧，则

$$c_n = 2\sin nx, \quad d_n = 1 - \cos nx。$$

于是，由

$$c_{n+1} + c_{n-1} = 2c_n(1-d_1),$$
$$d_{n+1} + d_{n-1} = 2d_n(1-d_1) + 2d_1,$$

有

$$\sin(n+1)x + \sin(n-1)x = 2\sin nx \cos x,$$
$$\cos(n+1)x + \cos(n-1)x = 2\cos nx \cos x。$$

这表达了割圆八线的另外一种性质，不同于二分弧法，x 具有一般性。不过，弧度 nx 及与之对应的弦、矢都是离散的，而且明安图的 n 取自然数，不同于割圆八线。

董祐诚重新发现了明安图的结果，并给出另外两个结果

$$\sin(n+1)x - \sin(n-1)x = 2\cos nx \sin x,$$
$$\cos(n+1)x - \cos(n-1)x = -2\sin nx \sin x。$$

但是 n 的取值有条件限制，例如，弦率"有奇分无偶分"，弧度与弦矢及其对应关系反而更加离散化。

项名达推广了董祐诚的结果，取消了对 n 的限制。如果在项名达的 n 分弧法中，仍以 x 为半分弧，则

$$c_m = 2\sin mx, \quad d_m = 1 - \cos mx,$$

$$X_n(l) = \begin{cases} \sin mx / \cos x, & \text{若} |n| \text{为奇数}, \\ \cos mx / \cos x, & \text{若} |n| \text{不为奇数}, \end{cases}$$

于是，由

$$2X_{n\pm 1}(l) = \begin{cases} c_m \pm X_n(l)c_1, & \text{若} |n| \text{不为奇数}, \\ 2(1-d_m) \mp X_n(l)c_1, & \text{若} |n| \text{为奇数}, \end{cases}$$

有

$$\sin(m\pm 1)x = \sin mx \cos x \pm \cos mx \sin x,$$
$$\cos(m\pm 1)x = \cos mx \cos x \mp \sin mx \sin x。$$

由

$$X_{n+1}(l) + X_{n-1}(l) = \begin{cases} c_m, & \text{若} |n| \text{不为奇数}, \\ 2(1-d_m), & \text{若} |n| \text{为奇数}, \end{cases}$$

清代三角学的数理化历程

$$X_{n+1}(l) - X_{n-1}(l) = (-1)^n X_n(l) c_1,$$

有

$$\sin(m+1)x + \sin(m-1)x = 2\sin mx \cos x,$$
$$\cos(m+1)x + \cos(m-1)x = 2\cos mx \cos x,$$
$$\sin(m+1)x - \sin(m-1)x = 2\cos mx \sin x,$$
$$\cos(m+1)x - \cos(m-1)x = -\sin mx \sin x \text{。}$$

因此,项名达的 n 分弧法包含二简法在内,既表达了两弧和的弦矢的关系,又表达了弦矢和差与积的关系。它们享有共同的直观基础,因而被无区别地看待。

项名达的 m 为任意有理数,因此弧度 mx 与相应的弦矢都是稠密的。这已达到国际水平,那时洋人也没有彻底解决连续性的问题。项名达的 n 分弧法如此成功,以至于晚清三角学坚持"中体西用",不肯放弃递归关系,直到全盘西化。

三、近似关系

近似关系说明了弧矢术的结构特点,顾应祥(1483~1565)的弧矢算术以弦矢关系、弓形面积和弧长公式为基本,其中只有前者是精确的,其余都是近似结果。李锐为之补草,基本关系一仍其旧。明安图已经得出精确的弧长公式,故事在李锐之前,但他没有采用,也许他不知道。

古代学者未能区分近似关系与精确关系,这与中算的实用目的有关,也与古代的知识传统有关。关于弧田术,刘徽指出旧术"失之于少",新术则"必近密率"。

     然于算术差繁,必欲有所寻究也。若但度田,取其大数,旧术为约耳。[35]

新术具有理论意义,但是没有实用价值,不如旧术简约。除非同样简约,或者更为简约,不然精确关系没有必要。为了实用,简约就行,哪怕只是近似关系。

古代的缀术可能包括弧矢算术的精确关系,但是既不直观也不简约,学官只好"废而不理"。沈括的会圆术只求"大数",满足于近似关系,也是为了简便实用。如果"必欲有所寻究",通过简单的加减及乘法运算,可得

$$l_n = 2^n c_{n+1} = c_1 + \frac{1^2 \cdot 2^{2n} - 1}{2^{2n+2} r^2 \cdot 3!} c_1^3 + \cdots \text{。}$$

令 $c_1 = 2a$,$l_n \to l(n \to \infty)$,则

$$\frac{1}{2}l = a + \frac{1^2}{3!r^2}a^3 + \frac{1^2 \cdot 3^2}{5!r^4}a^5 + \cdots \text{。} \tag{22}$$

清代学者给出这样的结果,是由 n 分弧法所确立的,古代的学者可由二分弧法导出。它说明了会圆术的"算术差繁",由于不够简约,古代学者对此不感兴趣。

如前所述,弧矢算术建基于弧田、扇田与圭田的面积关系

| 第一章　古代的知识传统 |

$$s = \frac{1}{2}rl - a(r-b)。$$

奇怪的是,中算家没有提及这里的扇田面积,虽然这对完善的弧矢算术必不可少。事实上,扇田面积可由圆田术导入,只需进行数值分析。圆田"半周、半径相乘得积步"

$$s = r \times \pi r,$$

既然积步与半周相应,则积步的若干分之一亦可对应于半周的若干分之一,即

$$\frac{s}{n} = r \times \frac{\pi r}{n}。$$

由此可以发现扇田,至于确立公式,可用面积关系(9)。令

$$s' = s + a(r-b),$$

使弧田与圭田两底重合、两高之和为 r,则

$$s' = \frac{1}{2}rl。 \tag{23}$$

这个结果也可径由数值分析导出,只需令

$$\frac{1}{2}l = \frac{\pi r}{n}, \quad s' = \frac{s}{n},$$

但这不合法。在古代,形式定义与知识传统不相容,数值分析与对应关系不相干。

弧矢术的基本概念起初与弧长无关,直到清代以前,弧背未能取代弧田成为最基本的概念。例如,同顾应祥的《弧矢算术》,李锐的《弧矢算术细草》并不"完臻",其中基本概念是"截积"而非"弧背",这与现代的观点恰好相反。

根据现代的观点,弧矢算术的基本概念应该是弧长,而非弓形面积。弓形面积应该通过弧长确定,而非相反。弓形面积取决于扇形面积,转而依赖于弧长,因此没有弧长就无法确定扇形乃至弓形面积。反之,弧长虽也涉及弓形面积却并不以之为先决条件,不需要弓形面积仍可确定弧长。所以,弧长更为基本,在逻辑上先于弓形面积。

弧矢算术预设弧田旧术作为先决条件,所得弧长公式当然是近似关系。明安图的结果并不以弓形面积为先决条件,所以给出精确的弧长公式。由(22)和(23)有

$$s' = ar + \frac{1^2}{3!r}a^3 + \frac{1^2 \cdot 3^2}{5!r^3}a^5 + \cdots,$$

由(9)进而可得

$$s = ab + \frac{1^2}{3!r}a^3 + \frac{1^2 \cdot 3^2}{5!r^3}a^5 + \cdots,$$

弧矢算术至此"始告完臻"。除弦矢关系(11)之外,只需用到(22)、(23)与(9),它们都

是精确的。

对于明安图的工作，李锐也许并不知情，或者知情却废而不理，就像古代的学官对待缀术那样。倘若"必欲有所寻究"，其实他有能力自主引进(22)。对他来说，这似乎并不难。无论如何，由于它涉及无穷，一旦引进，就会破坏弧矢算术固有的和谐关系，这不是李锐所希望的。

作为乾嘉学派的成员、维护传统的猛士，李锐坚持古代的观念，例如，古代学者关于近似关系与精确关系的看法。

> 天地之道，阴阳而已。方、圆，天地也。方象法地，静而有质，故可以象数求之。圆象法天，动而无形，故不可以象数求之。方体本静，而中斜者乃动而生阳者也。圆体本动，而中心之径乃静而根阴者也。天外阳而内阴，地外阴而内阳。阴阳交错而万物化生，其机正在于奇零不齐之处，上智不能测、巧历不能尽者也。向使天地之道俱可以限量求之，则化机有尽而不能生万物矣。[10]

根据顾应祥的解释，历算家使用近似关系也是"势之不得已也"，因为"数多则散漫难收"。李锐可能受到顾应祥的影响，也以为弧长属于"上智不能测，巧历不能尽者"，因此觉得不必"限量求之"。由此看来，李锐之所以保持近似关系，弧矢算术之所以不完臻，主要是因为它未能独立于天文学。

微积分的传入改变了弧矢算术的结构，无论"截积"还是"弧背"，所有问题都能按照统一的方式处理。关于弧背，昔日"所谓有法者只一平圆"，而今能求"诸曲线之弧"，并且还能"限量求之"。例如，抛物线弧背，夏鸾翔(1823~1864)给出

$$s = \int_0^x dx + \frac{1}{2}\int_0^x \frac{x^2}{p^2}dx + \frac{1}{2}(\frac{1}{2}-1)\frac{1}{2!}\int_0^x \frac{x^4}{p^4}dx + \cdots$$
$$= a + \frac{1}{3!}\frac{x^3}{p^2} - \frac{1^2 \cdot 3}{5!}\frac{x^5}{p^4} + \frac{1^2 \cdot 3^2 \cdot 5}{7!}\frac{x^7}{p^6} - \cdots,$$

是由 $x^2 = 2py$ 所得。如果需要"限量求之"，则

$$s = \frac{1}{p}\int_0^x \sqrt{x^2 + p^2}dx = \frac{x}{2p}\sqrt{x^2 + p^2} + \frac{p}{2}\ln\frac{x + \sqrt{x^2 + p^2}}{p}, \qquad (24)$$

但是这种封闭形式的结果没有引起格外关注。在他看来，展开式更为基本，因为展开式的系数均由递加数变通而来，这是西学中源的有力证据。

强调和式特征的结果依然是"数多则散漫难收"，为此夏鸾翔引进新术："正弦之三乘方以半通径除之、三除之，加入正弦幂为弧背幂，平方开之得弧背。"[36]这里"半通径"应为"半通径幂"之误，也即

$$s = \sqrt{x^2 + \frac{x^4}{3p^2}}。$$

该结果近似于(24),并且展开式的前两项能够密合,这也许是引进新术的依据所在。[37]兜了一圈,中算家又回到原点,仍满足于近似关系。

综上所述,明清学者的弧矢算术满足于近似关系,原因是它未能独立于天文学,同时受到哲学概念的制约。天文常数的精确值既不可能,也不必要,"万物化生"的机理"正在于奇零不齐之处"。因此,没有必要把明安图独立于天文学的结果纳入弧矢算术。这种状况直到晚清也未得到适当调整,虽然微积分已经表明,有关弧矢的计算"俱可以限量求之"。

第二章 独立于天文学的结果

明末清初西学东渐，三角知识传入中国，引起第一次数学会通。当时三角学依附于天文学，数学会通使物理的弧矢概念进化为几何的八线概念，并使三角学独立于天文学。会通工作持续到第二次西学东渐，至19世纪中叶，使数学对象多样化、特殊结果一般化、近似关系精确化。

弦、矢与弧背的精确关系涉及无穷，传入的三角知识包含有关结果，然而相应的方法没有传入。为此，中算家独立引进了无穷小方法，以精确结果取代了古代的近似结果。西法建基于某些特殊结果，清代学者将它们推广为一般性结果，是以线段关系取代古代的面积关系所得。

第一节 割圆八线

不同于古代的有关知识，三角知识在概念上"其类稍广"。古代的相关知识只和弧、矢、弦、径有关，三角学的基本概念则为割圆八线，而且定义是纯几何的。梅文鼎关于割圆八线的论述表现了中算家的犹豫态度，不久，中算家接受了割圆八线概念。由此引起数学对象与方法的一系列变化，最终线段关系取代了面积关系，特殊结果被推广为一般性结果。

一、基本关系

古代学者未能分辨几何的弧矢与物理的弧矢，清代中算家以几何概念取代物理概念，引起了基本关系的显著变化。古代的有关知识立足于面积关系，清代三角学建基于线段关系，这是八线概念取代弧矢概念的结果。

弧矢术的基本概念是物理的：

> 割平圆之旁，状若弧矢，故谓之弧矢。其背曲，曰弧背；其弦直，曰弧弦；其中衡，曰矢。[10]

弦矢与弧背三者为平行概念，弧背的度量不涉及角度概念。

割圆八线则不然，它们取决于某"弧"，弧是通过"角"来定义的。

> 一弧之心在交点，从心引出线为两腰，而弧在两腰之间，此弧即此角之尺度。[38]

弧度则与半径有关，同角之弧"其圈等则弧亦等，其圈不等，弧亦不等"，并且"圈愈

大,其度分亦愈大"。也就是说
$$k\alpha = r\theta,$$
这里 k 为常数,α,θ 与 r 分别为弧度、角度与半径。

不同于勾股术,三角学"止测其线,非测其容"。面积关系并不是必要的,要点在于线段关系。三角非八线不能测,八线用"同比例法",包括三率法与四率法。

八线在 $0 < \alpha < \dfrac{r\pi}{2}$ 上有定义:

> 以周天一象限分为半弧,而各取其正半弦……又以其余弧之正弦为余弦,以余弦减半径为矢。弧之外与正弦平行而交于割线者为切线,以他半径截弧之一端而交于切线者为割线。其与余弦平行者则余切线也,即正割一线交于余切线而止者余割线也,以正弦减半径者余矢也。总之为八线。[38]

正弦被定义为 2α 所对通弦之半,相当于
$$\sin\alpha = r\sin\theta。$$
余弦被定义为
$$\cos\alpha = \sin\beta,$$
其中 $\beta = \dfrac{r\pi}{2} - \alpha$。

于是,若从象限弧上一点作两半弦,使得"第一为前半弦,第二为后半弦",则"前后两半弦,其能等于半径"
$$\sin^2\alpha + \cos^2\alpha = r^2。$$
半弦"有正弦,有倒弦",倒弦为"余弦与全数之较"
$$\text{vers}\,\alpha = r - \cos\alpha,$$
其"本名为矢"。余矢则是"以正弦减半径者"
$$\text{cov}\,\alpha = r - \sin\alpha。$$

在切线与割线之间,"大测目录"作出循环定义,它们都以对方的存在为先决条件。正文不一样,切线是"径一端之垂线,半径为底线,而交于截弧之弦线"。此弦"非弧矢之弦",而是"勾股之弦",所以
$$\tan\alpha : r = \sin\alpha : \cos\alpha,$$
$$\cot\alpha : r = \cos\alpha : \sin\alpha。$$
割线"从心过弧之一端,而交于切线",满足
$$\sec\alpha : r = r : \cos\alpha,$$
$$\csc\alpha : r = r : \sin\alpha。$$

《测量全义》的正弦被定义为"弦之半",余弦为"余弧之正弦",矢为"余弦与半径之较",切线为"圆径界之垂线",这与《大测》保持一致。不同的是,余切为"余弧之切线",余割为"余弧之割线",割线为"直角之对线"。

由相似勾股形的性质,割圆八线有"相当之理":

全数为正弦、余割线两率之中率……全数为余弦、正割线之中率……全数为正余两切线之中率……正弦与余弦若全数与余切线,余弦与正弦若全数与正切线[39]。

即
$$\sin\alpha : r = r : \csc\alpha,$$
$$\cos\alpha : r = r : \sec\alpha,$$
$$\tan\alpha : r = r : \cot\alpha,$$
$$\sin\alpha : \cos\alpha = r : \cot\alpha,$$
$$\cos\alpha : \sin\alpha = r : \tan\alpha,$$

其基本关系与《大测》一致。

梅文鼎发现,古法用勾股测圆,西法以八线测圆,三角学区别于勾股术的特点在于边与角的关系。①勾股测圆之法建基于勾股定理,八线测圆之法建基于
$$\tan^2\alpha + r^2 = \sec^2\alpha。②$$
根据八线"相当之理",它等价于
$$\sin^2\alpha + \cos^2\alpha = r^2。$$
由此可见,"割圆之法皆作勾股于圆内以先得正弦,故古人只用正弦亦无不足,今用切割诸线而皆生于正弦"。所以,三角不出勾股之外,中西数学原理不容不合。

他注意到,古法用弧而西法用角,但"角与弧相应……用角即用弧也,用弧即用角也"。

凡用一角,即对一弧,即有八线,弧亦然。凡一弧之八线,即成倒顺四勾股,角亦然。[20]

在他看来,古法与西法在概念上"各有本末",至于原理"本无异同"③,三角学与古代的有关知识"理实同归"。

以直线割平圆则成弧矢形,所割圆分如弓之曲,古谓之弧背。……割圆直线如弓之弦,谓之通弦。通弦半之,古谓之半弧弦,今曰正弦。[20]

由于古法涉及正弦而"正弦为八线之主",因此古法通于西法,而且更为基本。

---

① 三角法异于勾股者,以用角也。[20]
② 此八线割圆之法所由以立也。[41]
③ 论其传各有本末,而精求其理,本无异同。[23]

梅文鼎表明了采用西法的正当性，同时保留了古代的物理概念，这表现出清初学者的犹豫态度。无论如何，物理的弧矢概念不久即被放弃，割圆八线取而代之。

根据"倒顺四勾股"，《数理精蕴》重新定义了八线。[①]令

$$\theta_1 + \theta_2 = \frac{\pi}{2},$$

则 θ_1 与 θ_2 互为"余角"，余角所对为"余弧"。正弦是二倍正弧所对通弦之半

$$\sin\alpha = r\sin\theta_1,$$

余弦为余弧正弦

$$\cos\alpha = r\sin\theta_2。$$

矢之定义类似于《大测》，半径内减余弦为正矢，半径内减正弦为余矢。切线立于半径之末，与正角相对者为正切，余角相对者为余切。割线为半径引长与切线相遇者，与正切相遇者为正割，与余切相遇者为余割。

经过数学会通，中算家接受了八线概念，并接受了三率法及"相当比例四率"形式的基本关系。"八线相求"已知正弦与余弦求其余六线，基本关系与特点由此得到说明。正矢与余矢直接由定义给出，正切与余切由四率法给出，正割与余割则由三率法给出。它们是数值结果，保留了传统的表现形式。另外，它们被解释为线段关系，突破了传统模式。例如，"正切求正割捷法"为线段关系

$$\sec\alpha = \tan\alpha + \tan\frac{\beta}{2}。$$

"余切求余割捷法"类似，也是线段关系。

西法曾以余弧诸线解释基本关系，《数理精蕴》则以"正弦为本"，并称"有正弦则诸线皆由此生"，这是数学会通的结果。古法建基于面积关系，《数理精蕴》代之以线段关系，这是概念进化的结果。八线概念"其类稍广"，基本关系随之而广，导致更多其他关系，包括和较关系与边角关系。

二、和较关系

西法建基于"六宗、三要、二简法"，它们是三角学的一些特殊结果，清代学者

---

① 设如甲乙丙丁之圆，自圆心戊平分全圆为甲乙、乙丙、丙丁、丁甲四象限，其每一象限皆九十度。乃自圆心戊任作一戊己半径，则将甲丁九十度之弧分为甲己、己丁二段。己丁为戊己角所对之弧，甲己为甲戊己角所对之弧。如命己戊丁为正角，则甲戊己为余角；甲戊己为正角，则己戊丁为余角。正角所对为正弧，余角所对为余弧。今以己丁为正弧，故甲己为余弧。又自己与甲丙全径平行作己辛线，谓之通弦。其对己丁正弧而立于戊丁半径者，曰正弦。又与戊丁半径平行作壬己线，谓之余弦，以其为甲戊己之所对也。于戊丁半径内减戊庚，余庚丁谓之正矢。于甲戊半径内减壬戊，余甲壬谓之余矢。自圆界与戊丁半径平行、立于戊丁半径之末，作垂线仍与己戊丁角相对者，曰正切。将戊丁半径引长，与正切相遇于癸戊癸线，谓之正割。又自圆界与甲戊半径平行，作甲子线，谓之余切。戊癸正割被甲子余切截于子，所分戊子谓之余割。每一角、一弧，即有正弦、余弦、正矢、余矢，已成四线于圆界之内。复引出半径于圆界之外，而成正切、余切、正割、余割之四线。内外共为八线，故曰割圆八线。[40]

由此发展出一般的"加减法"。加减法涉及弧的和较与八线和较的关系，包括简法二的一般化，西法之根由此得到说明。

六宗率为西法"作表之原本"，它们是一些数值结果，涉及圆内六种多边形边长与所对弧度的关系。例如"宗率三"

$$c = 2\sin\frac{\pi r}{3} = \sqrt{3}r,$$

其"各边上方形三倍于半径上方形"[38]，出自"几何十三卷十二题"。三要法包括前后两半弦的勾股关系

$$\sin^2\alpha + \cos^2\alpha = r^2,$$

倍弧与半弧的正弦公式

$$r\sin 2\alpha = 2\sin\alpha\cos\alpha,$$
$$2\sin^2\alpha = r^2 - r\cos 2\alpha。$$

后者等价于倍弧的余弦公式

$$r\cos 2\alpha = r^2 - 2\sin^2\alpha。$$

二简法涉及两弧和的八线，简法一给出纪限左右"两正弦之较"

$$\sin(\frac{\pi r}{3} + \alpha) - \sin(\frac{\pi r}{3} - \alpha) = \sin\alpha,$$

简法二给出"两弦相加、相减弧之各正弦"

$$r\sin(\alpha \pm \beta) = \sin\alpha\cos\beta \pm \cos\alpha\sin\beta。 \quad (1)$$

显然，简法一可由简法二推出。

(1)具有一般性，但它缺乏证明而且也不完善。完善的结果不仅可以解释西法之根，而且还有更加广阔的应用前景，为此只需引进两弦相加、相减弧之各余弦

$$r\cos(\alpha \pm \beta) = \cos\alpha\cos\beta \mp \sin\alpha\sin\beta。 \quad (2)$$

王锡阐最先给出(1)、(2)的几何证明[42]，随后，梅文鼎为其等价形式提供了几何证明。

王锡阐的结果建基于相似勾股形的性质，但是他的解释却与中西两家之法都不一样。其证明建立在八线概念之上，基本前提是平行与角的概念，它们均有描述性定义。①根据《圆解》，称两线平行，如果"两端、中间，广狭俱等"[43]。角被定义为"折"：矩折者"其折中矩"，小于矩折为"尖折"，大于矩折为"斜折"。在这些定义的基础上，他自由地引用自己的概念，这不同于古代的传统。

根据《大测》所述"多罗某之法"，圆内接□ABCD若以直径AD为底，则"此形相对之各两边各偕为两直角形，并与两对角线相偕为直角形等"

$$AC \times BD = AB \times CD + BC \times AD。$$

---

① 学者咸以为《圆解》中没有平行线的定义，然而原文有定义，尽管只是描述性定义。

| 第二章 独立于天文学的结果 |

令 $\overset{\frown}{AB}=2\alpha$，$\overset{\frown}{CD}=2\beta$，$AD=2r$，则

$$AB=2\sin\alpha,\quad AC=2\cos\beta,$$
$$BC=2\sin\left[\frac{\pi r}{2}-(\alpha+\beta)\right]=2\cos(\alpha+\beta),$$
$$BD=2\cos\alpha,\quad CD=2\sin\beta,$$

故

$$r\cos(\alpha+\beta)=\cos\alpha\cos\beta-\sin\alpha\sin\beta。$$

这是面积关系，并且不涉及较弧余弦。

不同于"多罗某之法"，王锡阐的结果均为线段关系，而且包括两弧差的余弦。他以西法推出新法，正是当年徐光启所欲而未能者，阻力可想而知。中算未能沿此方向继续发展，他的工作虽有传统形式的包装，但效果并不理想。角的分类依赖于直角，直角取决于矩的实在性，角度概念并没有真正建立起来。由于缺少一般角的概念，王锡阐不可能清楚地认识到割圆八线的符号规律，梅文鼎的工作亦不例外。

在欧氏定义中，直角取决于等量关系：

当一条直线和另一条横的直线交成的邻角，彼此相等时，这些角的每一个被叫做直角。[3]

梅文鼎称直角为"正方角"，定义为"以两线十字纵横相遇，皆为正方角"。正方角摆脱了矩的实在性，但是仍有赖于空间直观，角度概念尚未真正建立起来。不过，梅文鼎给出(1)、(2)的等价形式，他称之为"加减法"。

"加减法""从初数次数而生"，梅文鼎"故先论之"。设弧三角 ABC 所对三边分别为 a，b，c，若 A 为锐角，则

$$\cos A=\frac{\cos a-\cos b\cos c}{\sin b\sin c}。$$

其中 $\sin b\sin c$ 与 $-\cos b\cos c$ 即初数与次数。

梅文鼎发现，初数与次数可表示为加减法

$$\sin b\sin c=\frac{1}{2}[\cos(b-c)-\cos(b+c)],$$
$$\cos b\cos c=\frac{1}{2}[\cos(b-c)+\cos(b+c)]。$$

类似地，"甲数、乙数"也有加减法

$$\sin b\cos c=\frac{1}{2}[\sin(b-c)+\sin(b+c)],$$

$$\cos b \sin c = \frac{1}{2}[\sin(b+c) - \sin(b-c)]。$$

根据弧度大小,他给出四种"图式"证明。图式虽稍异,原理则相同。

兹以图式二(图 2-1)为例,说明他的方法。设

$$0 < b < \pi,\ 0 < c < \frac{\pi}{2} < b+c < \pi,\ c < b。$$

视大弧 b 是否过象限,可分两种情形,先证 $0 < b < \frac{\pi}{2}$ 的情形。

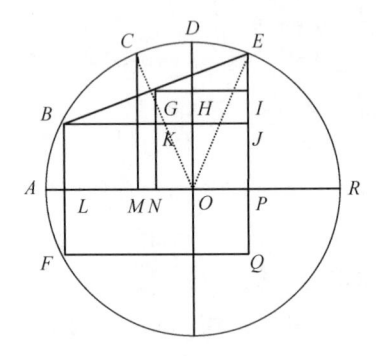

图 2-1 "加减法"图式二

如图 2-1 所示,设 $\overset{\frown}{AC}=b$,$\overset{\frown}{BC}=\overset{\frown}{CE}=c$,则

$$\overset{\frown}{AB}=b-c,\ \overset{\frown}{AE}=b+c。$$

令 $BG=EG$,$BL=FL$,则

$$BK = LN = \frac{1}{2}LP = \frac{1}{2}(LO+OP),$$

$$NO = OL - LN = \frac{1}{2}(LO-OP),$$

$$GN = IP = \frac{1}{2}EQ = \frac{1}{2}(EP+BL),$$

$$GK = EP - GN = \frac{1}{2}(EP-BL)。$$

另外,

$$Rt\triangle BGK \backsim Rt\triangle OCM \backsim Rt\triangle OGN,$$
$$BK:BG = CM:OC = GN:OG,$$
$$ON:OG = OM:OC = GK:BG。$$

于是

$$OC \times BK = CM \times BG,$$

| 第二章　独立于天文学的结果 |

$$OC \times ON = OM \times OG,$$
$$OC \times GN = CM \times OG,$$
$$OC \times GK = OM \times BG。$$

但 $OC = 1$，故

$$CM \times BG = BK = \frac{1}{2}(LO + OP),$$

$$OM \times OG = ON = \frac{1}{2}(LO - OP),$$

$$CM \times OG = GN = \frac{1}{2}(EP + BL),$$

$$OM \times BG = GK = \frac{1}{2}(EP - BL)。$$

这里

$$CM = \sin b, \quad BG = \sin c, \quad LO = \cos(b - c),$$
$$OP = -\cos(b + c), \quad OM = \cos b, \quad OG = \cos c,$$
$$EP = \sin(b + c), \quad BL = \sin(b - c),$$

大弧不过象限的情形于是得证。

至于 $\frac{\pi}{2} < b < \pi$ 的情形，设 $\overset{\frown}{CR} = b$，$\overset{\frown}{BC} = \overset{\frown}{CE} = c$，则

$$\overset{\frown}{BR} = b + c, \quad \overset{\frown}{ER} = b - c,$$

因此，只需"互易总存之名，其他并同"。上述线段间的几何关系依然成立，其中

$$CM = \sin b, \quad BG = \sin c, \quad LO = -\cos(b + c),$$
$$OP = \cos(b - c), \quad OM = -\cos b, \quad OG = \cos c,$$
$$EP = \sin(b - c), \quad BL = \sin(b + c),$$

"加减法"仍然成立。这里存在符号变化，但是没有引起注意。

变号现象与八线的基本性质有关，关于这种现象的研究是使三角学独立于几何学的重要步骤之一，其前提是边与角的关系必须被作为专门的研究对象，那时还没有形成这样的概念。

"加减法"说明了二简法及三要法。至于六宗率，则有待于加减法的进一步发挥。明安图令

$$\alpha = n\beta,$$

由"加减法"发展出割圆连比例法，给出了全弧弦矢与分弧弦矢的关系。进而通过无穷小分析，证明了"求弦矢捷法"，包括

$$\sin\alpha = \alpha - \frac{1}{3!}\alpha^3 + \frac{1}{5!}\alpha^5 - \frac{1}{7!}\alpha^7 + \cdots 。$$

"六宗率"由此得到说明，它们"各当其本弧"，然而"法如是，解不止于如是"[5]。

由此可见，作为西法之根的六宗、三要、二简法只不过是加减法的一些推论而已。在三角学中，加减法具有基本重要的意义，割圆八线的和较关系均可由此得到说明。不过，中算家仍保留着传统的表现形式，《数理精蕴》缺乏数理观念，无法使加减法成为三角学的基础。

两弧和较的正弦、余弦公式或者加减法是中算家引用平行与角等新概念的结果。由于概念的进化，线段本身就足以确立比例关系。在比例论中，面积变换不再是必不可少的。新概念引出新关系，譬如，边角关系，"加减法"得到进一步应用。

三、边角关系

中国古代的弧矢算术未能成为专门的几何研究对象，因而有关的概念发展缓慢。由于缺少必要的概念，古代学者无从探讨边角关系。割圆八线的引进则使数学对象多样化，边角关系开始成为中算家的研究目标，和较关系为此提供了必要条件。

《大测》平面三角"用四法以为根本"。根法一为正弦定理

$$a:b = \sin A:\sin B,$$

未及更一般的形式，虽然正弦的互补关系已知。根法二为

$$b:(a+c) = (c-a):(b - 2\cos aC),$$

由于 $\cos aC = a\cos C$，这个结果等价于余弦定理

$$c^2 = a^2 + b^2 - 2ab\cos C 。$$

根法三用到正切定理，根法四为勾股形的边角关系。

梅文鼎尝论"用正弦为比例"，以及"用切线分外角"之理，为正弦定理及正切定理提供了证明，《数理精蕴》下编卷十七则专论边角关系。关于正弦定理，《数理精蕴》的论述有合于《大测》根法一"总论"，然而表述比较具体、直观，结果不乏一般性。余弦定理则以传统方式解释为面积关系，然后归结为线段关系，并以《大测》方式作出补充说明。梅文鼎关于正切定理的论述有合于《大测》，《数理精蕴》则有所不同。令 a 为大腰，b 为小边，c 为底线。延长 BC 至 D 并截于 E，使

$$CD = CE = AC = b 。$$

自 E 引线，交 AB 于 F，使 $EF // DA$，则

$$\triangle DAB \backsim \triangle EFB,$$

故

$$BD:BE=AD:EF。$$

| 第二章　独立于天文学的结果 |

但

$$BD = a+b，BE = a-b，$$
$$AD = \tan\frac{A+B}{2}，EF = \tan\frac{A-B}{2}，$$

正切定理于是得证。

在前人工作的基础上，项名达进一步深化边角关系的研究，撰成《三角和较术》。它由"平三角和较术"与"弧三角和较术"构成，平三角包括"勾股形"与"三角形"，探讨了和较形式的边角关系。"勾股形"共 32 题，前 4 题用

$$\sin\frac{A-B}{2} = \sin(A-\frac{\pi}{4}) = \frac{a-b}{c}\sin\frac{\pi}{4}， \tag{3}$$

$$\cos\frac{A-B}{2} = \cos(A-\frac{\pi}{4}) = \frac{a+b}{c}\sin\frac{\pi}{4}。 \tag{4}$$

其中

$$a = c\sin A，b = c\cos A，B = \frac{\pi}{2} - A。$$

由此可知

$$\tan\frac{A-B}{2} = \frac{a-b}{a+b}，$$

即"勾股和较之比例与半较角余弦、正弦等"。第 5~12 题用

$$\tan\frac{A}{2} = \sqrt{\frac{1-\cos A}{1+\cos A}} = \frac{c-b}{a}， \tag{5}$$

$$\cot\frac{A}{2} = \sqrt{\frac{1+\cos A}{1-\cos A}} = \frac{c+b}{a}。 \tag{6}$$

后 12 题只用到(3)~(6)的等价结果。

"三角形"共 16 题，前两题用

$$\sin\frac{A-B}{2} = \frac{\sin A - \sin B}{\sin C}\sin\frac{A+B}{2}$$
$$= \frac{a-b}{c}\sin\frac{A+B}{2}，$$
$$\cos\frac{A-B}{2} = \frac{\sin A + \sin B}{\sin C}\cos\frac{A+B}{2}$$
$$= \frac{a+b}{c}\cos\frac{A+B}{2}。$$

其中

$$a = 2R\sin A，b = 2R\sin B，c = 2R\sin C，$$

· 55 ·

而
$$A+B+C=\pi。$$

第 3~4 题用
$$\tan\frac{A}{2}=\frac{a+b-c}{c+b-a}\tan\frac{C}{2}=\frac{a-b+c}{a+b+c}\cot\frac{C}{2}。$$

"若先求边"则用
$$c\pm a=b\times\frac{b\pm(c\mp a)\cos C}{(c\mp a)\pm b\cos C},$$

只需"相加减，各折半"即可。① 第 5 题的基本关系为
$$R\sin\left(x-\frac{A-B}{2}\right)=2\sin\frac{C}{2}\sin x,$$

可能是由
$$\tan x=\frac{(c-a)-(c-b)}{(c-a)+(c-b)}\cot\frac{C}{2}$$

所得。其中"借角" x 相当于形式定义，第 6~12 题的基本关系也类似。后 4 题的基本关系与第 3~4 题等价。

"平三角和较术"存在一些问题。例如，"勾股形"的最后一个结果、"三角形"前两题的"若先求边"，这些问题可能是由形式化引起的。在项名达的结果当中，a,b 往往可以对调，只需置换 A,B，反之亦然。

"勾股形"前 12 题建基于八线的和较关系，后 20 题则建基于勾股恒等式
$$(a+b+c)^2=2(a+c)(b+c),$$
$$a(c\mp b\pm a)=(c\mp b)(a+b\pm c),$$
$$[2(c\mp b)\pm a]^2=4(c\mp b)(c\mp b\pm a)+a^2,$$
$$c=\pm(a\mp b\mp c)+\sqrt{2(a\mp b\mp c)^2+(a\pm b)^2}$$
$$=\pm(a\pm b\mp c)+\sqrt{2(a\pm b\mp c)^2+(a\mp b)^2}。$$

所得结果中，a,b 可以对调，只需置换 A,B，有时 a,b,c 均可变号。最后一个结果是
$$\tan\frac{A}{2}=\sqrt{\frac{4(a+b-c)-(b+c)}{4(b+c)}}-\frac{1}{2},$$

这个结果可能有误。不然 $3b=5c$，股比弦长，这不可能。

---

① 原文误将"角余弦除"作"角余弦乘"[44]。

· 56 ·

| 第二章 独立于天文学的结果 |

"三角形"建基于八线的和较关系及边角关系。前两题"若先求边"仅当 $C = \pm \dfrac{\pi}{2}$ 时有效,表现出形式特征。项名达具有形式化的思想倾向,并且了解和掌握了所有必需的三角知识,他有条件也有能力展开形式推导。事实上,他把不失本率原理引入传统勾股术,曾为勾股算术的形式化提供关键方法。

三角术与勾股术具有相似性,形式化工作可以借鉴。根据正弦定理与比例的性质易知

$$\frac{ia+jb+kc}{la+mb+nc} = \frac{i\sin A + j\sin B + k\sin C}{l\sin A + m\sin B + n\sin C}。$$

考虑 $i, j, k, l, m, n \in \{-1, 0, 1\}$,以及

$$\sin A \pm \sin B = 2\sin\frac{A\pm B}{2}\cos\frac{A\mp B}{2},$$

他得到很多新结果。例如,"有一角、有夹角两边和与对边较、有夹角两边较与对边和,求旁一角",设已知角与所求角分别为 C 与 B,则"较之和为一率、和之较为二率、半角正切为三率,求得四率,即旁半角正切"

$$(a-b+c):(a+b-c) = \tan\frac{C}{2} : \tan\frac{B}{2}。$$

这些结果没有图解,很可能是形式推导的结果。它们只需用到八线的和差与积的关系,以及其他一些简单的三角关系,这些均为项名达所熟知。

古代的勾股术研究的是边与边的关系,项名达将角的概念引入其中,发展出包含边角关系在内的"勾股和较术"。它同样没有图解,但是可由三角和较术导出,只需令

$$\sin C = \sin(A+B) = 1。$$

例如,两角可由勾股和较求出,因为

$$\frac{a-b}{a+b} = \tan\frac{A-B}{2}, \quad \tan\frac{A+B}{2} = 1。$$

反之,已知 $a-b$,$a+b$,c 与 A,B 中各一件,则其余各件均可求出,因为

$$\frac{a-b}{c} = \sqrt{2}\sin\frac{A-B}{2},$$

$$\frac{a+b}{c} = \sqrt{2}\cos\frac{A-B}{2}。$$

由此可见,《三角和较术》的基本关系包含形式结果,虽然未能构成形式系统,其基本概念仍是几何的,并且还有割圆术的痕迹,体例仍为问题集的传统形式。无论如何,项名达的工作别具一格,对于晚清数学会通具有积极的意义。

总之，边角关系立足于新概念，关键是角与平行的概念。中算家的会通结果表明，边角关系虽能解释为面积关系，但却并不依赖于这样的解释。另外，边与角未尝作为变量关系来研究，因而割圆八线无法走向三角函数。

第二节 割圆缀术

缀术"不可以形察"，因此古代的学官"废而不理"，久之便失传。从此，天文常数的计算排除了无穷的概念，弧矢算术满足于近似关系。直到杜氏三术[①]传入以后，人们才又想起无限分割，尝试由此推出割圆密率。他们的努力在一定范围内取得了显著的成效，尤其是近似关系的精确化，应归功于中算家的无穷小方法。清代割圆八线缀术包括明安图变换与无穷小分析，前者建基于垛积招差术，后者建基于割圆连比例。

一、割圆连比例

清代学者称其 n 分弧法为割圆连比例法，所谓割圆连比例是有递归结构的线段集，其中线段均由弦、矢构成。弦、矢与弧背的精确关系取决于割圆连比例解，割圆连比例解的关键是确定递归关系的通项，实质上是有理二项式的展开问题。

关于割圆连比例法，有一种说法认为，它得益于梅文鼎的递加法。[45]割圆连比例的递归特性似乎支持这种说法，但是这样的证据并不充分。

以下分析表明，割圆连比例法可以更为简单地导出，不必借助于递加法。由梅文鼎递加法

$$M_n = \begin{cases} M_0 - \sum_{i=1}^{k} M_{2i-1}, & 若 n = 2k, \\ M_1 - \sum_{i=1}^{k} M_{2i}, & 若 n = 2k+1, \end{cases}$$

令

$$M_{2n} = \begin{cases} M_0 - \sum_{i=1}^{k} M_{4i-1}, & 若 n = 2k, \\ \sum_{i=0}^{k} M_{4i+1}, & 若 n = 2k+1, \end{cases}$$

则

$$M_{2n+2} = (-1)^n M_{2n+1} + M_{2n-2} 。$$

该式满足 $\{M_n\}$ 成连比例的充要条件

---

① 即"求弦矢捷法"与"求同径密率捷法。"

$$M_{n+k} = \sum_{i=1}^{k} k_i M_{n+k-i}, n \geqslant 0,$$

所以存在 x，能使

$$M_{2k+1} = M_{2k}x \text{。}$$

若以 $M_0 = 1$ 为半径，则

$$c_{2n+1} = M_{4n-2} + M_{4n+2},$$
$$d_{2n} = 1 - \frac{M_{4n-4} + M_{4n}}{2},$$

从而可得明安图的 n 分弧法。然而，这样的解释很牵强，这样烦琐的手续大可不必。事实上，由梅文鼎"加减法"，只需令

$$c_n = 2\sin\alpha, \quad d_n = 1 - \cos\alpha, \quad \alpha = n\beta,$$

即得"分弧通弦率数求全弧通弦率数"法

$$c_{n+1} = 2(1-d_1)c_n - c_{n-1},$$

及"分弧正矢率数求全弧正矢率数"法

$$d_{n+1} = 2d_1 + 2(1-d_1)d_n - d_{n-1} \text{。}$$

明安图的工作主要是提供"图解"，作出几何解释，使之"可以形察"。图解可供观察，直观解释可以说明他的结果符合现象，所以学者不至于"废而不理"。

自明安图引进割圆连比例法，对它的改进工作历时将近一个世纪，至项名达始告完臻。董祐诚似乎设诱导方程

$$D_{n+1} = \begin{cases} M_{2n}, & \text{若 } n \text{ 为奇数,} \\ 1 - M_{2n}, & \text{若 } n \text{ 为偶数,} \end{cases}$$

得出他的结果，其实未必。由"加减法"只需令

$$D_n = \begin{cases} \sin n\beta/\cos\beta, & \text{若 } n \text{ 为偶数,} \\ 1 - \cos n\beta/\cos\beta, & \text{若 } n \text{ 为奇数,} \end{cases}$$

即得割圆连比例

$$D_{n+1} - D_{n-1} = \begin{cases} (1-D_n)c_1, & \text{若 } n \text{ 为奇数,} \\ D_n c_1, & \text{若 } n \text{ 为偶数,} \end{cases}$$

及其约束条件

$$D_{n+1} + D_{n-1} = \begin{cases} c_n, & \text{若 } n \text{ 为奇数,} \\ 2d_n, & \text{若 } n \text{ 为偶数,} \end{cases}$$

其中 $D_0 = D_1 = 0$。

项名达似乎设诱导方程

$$X_n = M_{2n},$$

得出他的结果,其实未必。由"加减法"只需令

$$X_n(l) = \begin{cases} \sin\alpha/\cos\beta, & \text{若}|n|\text{为奇数,} \\ \cos\alpha/\cos\beta, & \text{若}|n|\text{不为奇数,} \end{cases}$$

即得割圆连比例

$$X_{n+1}(l) - X_{n-1}(l) = (-1)^n X_n(l) c_1,$$

及其约束条件

$$X_{n+1}(l) + X_{n-1}(l) = \begin{cases} c_m, & \text{若}|n|\text{不为奇数,} \\ 2(1-d_m), & \text{若}|n|\text{为奇数。} \end{cases}$$

它的初值与参数l有关[①],特别地,$l=1$时的情形即为董祐诚的割圆连比例法。

董祐诚和项名达均有割圆连比例图解,依据"可以形察",结果"但以算术缀之"

$$X_n(l) = \sum_{k \geq 0} (-1)^{\left[\frac{k}{2}\right]} \varphi_{k,n}(l) c_1^k。$$

其中$\varphi_{k,n}(l)$为递加数,是由二项式

$$(1+x)^{n+l-1} = \sum_{k \geq 0} \varphi_{k,2n-k}(l) x^k,$$

或者

$$(1-x)^{-(n+l)} = \sum_{k \geq 0} \varphi_{k,2n+k}(l) x^k,$$

所定义[46]。

关于割圆连比例与递加数的关系,清代学者并不认为后者出自前者,而是相反,认为后者决定了前者。递加数为"割圆连比例之法所由立",数值不是取决于线段关系,而是决定线段关系。这表现了中算家以数为本的思想,说明了缀术"不可以形察"的特征。由于递加数的基础性作用,它的性质受到关注,并引起学者的讨论。显然,递加数满足

$$\varphi_{m,n}(l) = \varphi_{m,n-2}(l) + \varphi_{m-1,n-1}(l)。$$

这里m为非负整数,n与l的意义如前。董祐诚发现,递加数"逐层总数自上而下递加一倍"

$$\sum_{k \geq 0} \varphi_{k,2n-k}(l) = 2 \sum_{k \geq 0} \varphi_{k,2n-k-2}(l)。$$

[①] 这里 $\alpha = m\beta$,$m = 2l+n-1$,l为不大于1的正有理数,而n为任意整数。

项名达注意到，递加数"斜左一行积"如"三角堆求积"

$$\varphi_{m,2n+m}(l) = \frac{1}{m!}\prod_{k=0}^{m-1}\varphi_{1,2n+2k+1}(l),$$

"斜右一行积"如"诸乘方求廉"

$$\varphi_{m,2n-m}(l) = \frac{1}{m!}\prod_{k=0}^{m-1}\varphi_{1,2n-2k+1}(l)。$$

如果 $l=1$，则"左右诸数，两两相当而等"

$$\varphi_{k,2n-k}(l) = \varphi_{n-k,n+k}(l)。$$

如果 $l=\frac{1}{2}$，则"左右方两两相等，唯正负不等"

$$\varphi_{k,-n}(1/2) = (-1)^k \varphi_{k,n}(1/2)。$$

在项名达的基础上，夏鸾翔给出"求斜行总数术"

$$\varphi_{m,2n+m}(l) = \sum_{k=0}^{m}\varphi_{k,2n+k-2}(l),$$

当 $l=1$ 时即为有名的朱世杰等式。

他们试图通过递加数来研究割圆八线的性质，这种想法是由项名达的问题引起的，他提出"弦矢线联于圆中，于三角堆何与"。弦矢可对应于二项式，其意义究竟何在？这与西算家的问题是一致的。韦达通过形式推导得出大小弦矢的关系，在此基础上，欧拉通过形式定义解决了问题。中算家的问题并没有得到完全解决，他们说明了弦矢与递加数的关系，却未能说明弦矢与二项式的关系。在数值分析与几何现象之间，清代学者未能找到一个安全有效的对应方式。

由于排斥纯粹的形式推导，割圆连比例法未能走向韦达式大小弦矢的关系，虽然王锡阐与梅文鼎的和较关系为此提供了必要的条件。割圆连比例解立足于率的概念，清代中算家由此引出别样的成果，即明安图变换。

二、明安图变换

清代学者由率的概念引出明安图变换，作用相当于多项式空间基变换下的一种坐标变换，割圆连比例解均由该变换导出。这种变换始于明安图而成于项名达，引进工作见于《割圆密率捷法》卷三和《象数一原》卷四。[47]引进过程涉及多项式的展开与"方程法"的推广和应用，前者导源于传统开方术，后者导源于垛积招差术。

明安图用"超位算法"求割圆连比例解，即由

$$y = b_1 x + b_2 x^2 + \cdots, \tag{7}$$

$$x = x_1 t + x_2 t^2 + \cdots, \tag{8}$$

推出

$$y = a_1 t + a_2 t^2 + \cdots 。 \tag{9}$$

它们是有穷或无穷多项式，无论怎样，都被取到某率为止。记

$$x^k = \left(\sum_{n \geq 1} x_n t^n \right)^k = \sum_{n \geq k} M_{n,k} t^n , \tag{10}$$

则

$$y = \sum_{k \geq 1} b_k x^k = \sum_{k \geq 1} b_k \sum_{n \geq k} M_{n,k} t^n$$

$$= \sum_{k \geq 1} \left(\sum_{i=1}^{k} b_i M_{k,i} \right) t^k ,$$

故 $a_k = \sum_{i=1}^{k} b_i M_{k,i}$，或

$$A = BM 。 \tag{11}$$

其中 B 与 M 均为已知，因而 A 可由(11)一意确定。

项名达的"易率法"是由(8)和(9)推出(7)。这里 A 与 M 为已知，且 M 可逆，于是

$$B = AM^{-1} 。 \tag{12}$$

明安图首先得到特殊的(12)，然后得到一般的(11)，最后项名达得到一般的(12)。

为方便计，这里(11)与(12)合称明安图变换。由(10)定义的数字多项式

$$M_{n,k} = M_{n,k}(x_1, x_2, \cdots, x_{n-k+1}) ,$$

姑且称为明安图多项式。由于明安图变换的过渡阵是由它的值所构成的，这里有必要简单说明一下有关概念。

它是 k 次齐次的，有整系数及权 n，其确切表达式为

$$M_{n,k}(x_1, x_2, \cdots, x_{n-k+1}) = \sum \frac{k!}{k_1 ! k_2 ! \cdots} x_1^{k_1} x_2^{k_2} \cdots 。 \tag{13}$$

和式取遍所有满足

$$k_1 + k_2 + k_3 + \cdots = k ,$$

$$k_1 + 2k_2 + 3k_3 + \cdots = n ,$$

的整数 $k_i \geq 0$。它的系数是集合 $[k]$ 的 $(k_1, k_2, \cdots)$ 分类数，所以是整数，并且它的单项式个数等于具有 k 个加数的 n 的分拆数。如果 x_i 是某环中的交换元，则对所有整数 $k \geq 0$，有

| 第二章 独立于天文学的结果 |

$$\left(\sum_{i=1}^{n} x_i\right)^k = \sum (k_1, k_2, \cdots, k_n) x_1^{k_1} x_2^{k_2} \cdots x_n^{k_n}。$$

右端和式取遍所有使

$$k_1 + k_2 + k_3 + \cdots = k$$

的 n 元组。于是

$$\left(\sum_{n \geq 1} x_n t^n\right)^k = \sum_{k_1 + k_2 + \cdots = k} \frac{k! t^{k_1 + 2k_2 + \cdots}}{k_1! k_2! \cdots} x_1^{k_1} x_2^{k_2} \cdots。 \tag{14}$$

比较(10)与(14)的右端，即得明安图多项式(13)。

明安图的割圆连比例解取决于初值

$$c_0 = d_0 = 0，\quad c_1 = 2\sin\beta，$$
$$d_1(2 - d_1) = \sin^2\beta。$$

后者是关键，它涉及开方式的展开问题。明安图将它化为由

$$x = 4t - t^2$$

确定

$$t = b_1 x + b_2 x^2 + \cdots$$

的问题[①]，这里 $A = (1, 0, \cdots)$，

$$M_{n,k} = M_{n,k}(4, -1, 0, \cdots)。$$

于是，由(12)得到 $b_0 = 0$，

$$b_k = C_k \big/ 4^{2k-1}，\quad k \geq 1，$$

其中 C_k 为"卡塔兰数"。

项名达的割圆连比例解取决于初值 $X_0(l)$ 和 $X_1(l)$，他先得到它们与借弧通弦 t 的关系

$$y = a_0 + a_1 t + a_2 t^2 + \cdots。$$

本弧通弦 x 与借弧通弦的关系如(8)，由此通过(10)可得明安图变换的矩阵 M。令 M_n 为 M 的左上角 $n+1$ 级子阵，则

$$|M_n| = M_{0,0} M_{1,1} \cdots M_{n,n}。$$

如果 $l = q/p$，则由"相当率"可得

---

① 这里 $t = 2d_1$，$x = c_1^2$。

$$x_1 = \begin{cases} q, & \text{若 } q \text{ 为奇数,} \\ q/2, & \text{若 } q \text{ 为偶数}\end{cases}$$

因此，$M_{k,k} = M_{1,1}^k = x_1^k \neq 0$，也即 M_n 可逆，所以 $A_n = B_n M_n$ 对任何 A_n 都有解

$$B_n = A_n M_n^{-1}。$$

于是，由(12)得到所求结果

$$y = \sum_{k \geq 0} a_k t^k = \sum_{k \geq 0} \left(\sum_{i=0}^{k} b_i M_{k,i}\right) t^k$$
$$= \sum_{k \geq 0} b_k \sum_{n \geq k} M_{n,k} t^n = \sum_{k \geq 0} b_k x^k。$$

晚清学者称(12)为还原术，如果

$$A = (1, 0, \cdots), \quad B = (b_1, b_2, \cdots)。$$

称(11)为借径术，如果

$$A = (a_1, a_2, \cdots), \quad B = (b_1, b_2, \cdots)。$$

称(12)为易率法，如果

$$A = (a_0, a_1, \cdots), \quad B = (b_0, b_1, \cdots)。$$

(12)的前提是(11)，关键是(10)。由此可见，明安图变换的必要条件是多项式的展开与"方程法"的运用，它们可导源于传统开方术与垛积招差术。

如前所述，传统开方术涉及 k 次齐次多项式(13)。因为它是多次展开二项式的结果，所以只有 $k = 2$ 的情形被保留下来，一般情形则没有整理出来。不过，清代学者用率的灵活性大为提高，某些数学关系的利用价值也被发现。尤其是连比例率的开发，使(13)的采用成为可能。事实上，只需以 $x_i t^i$ 替换 x_i，即由(13)得到(10)。

朱世杰的垛积招差术涉及二项式系数的反演关系。如

$$y_n = y_1^n = 1 + nx + \frac{n(n-1)}{2!} x^2 + \cdots + x^n,$$

通过 $\{1\}$ 上逐次添加 x^n，构成一个极大无关组。同时逐次添加 y_n 构成又一个极大无关组，它们是多项式空间的两组基。垛积招差术表明，它们是等价的，等价关系及其逆关系均以垛积为坐标，即 $Y = CX$。其中

$$C = \begin{pmatrix} 1 & & & & \\ 1 & 1 & & & \\ 1 & 2 & 1 & & \\ \vdots & \vdots & \vdots & \ddots & \\ 1 & n & \cdots & n & 1 \end{pmatrix}, \quad X = \begin{pmatrix} x^0 \\ x^1 \\ x^2 \\ \vdots \\ x^n \end{pmatrix}, \quad Y = \begin{pmatrix} y_0 \\ y_1 \\ y_2 \\ \vdots \\ y_n \end{pmatrix}$$

因 C 可逆, 故 $X = C^{-1}Y$, 或

$$x^n = y_n - ny_{n-1} + \frac{n(n-1)}{2!}y_{n-2} - \cdots + (-1)^n。$$

由此可得明安图变换, 如第一章所述, 只需把二项式的展开推广为多项式的展开。

明安图变换是清代学者灵活用率的结果, 但是并没有抽去无关的属性。事实上, 诸率 y, x, t 等均有具体的含义。另外, (10)为纯粹的算术关系, 所以(12)的规模实际上不受任何限制。清末学者将它归结为"级数回求法", 回求法即还原术, 一般情形已被忘却了。

三、无穷的算术

割圆八线缀术涉及无穷的算术, 如无穷多项式的四则运算及无穷小分析。通过无穷小分析, 中算家由割圆连比例解得到弦矢与弧背的关系。清代无穷小分析始于明安图, 古代的缀术失传以后, 弧矢算术终于再度引入无限。

中算家的问题大多通过率的比较而得到解决, 而率的比较只有通过"相与"关系才能进行, 最基本的相与为率的结合法。为方便计, 这里以 L 表示由率及其相与率组成的集合。

由普通加法结合的率, 中算家称之为"并率"。只含"并率"的集合 L 与自然数相应, 添加"无入"则与非负整数相应。由于"并减之势不得广通", 故使"赤黑相消夺之", 由此生成的率称为"差率"。包含"并率"及"差率"的 L 构成加群, 引进普通乘法则成半群, 并与整数相应。然而"物之数量不可悉全, 必以分言之", 于是引进普通除法, L 被扩张为体。又可交换, 所以为域, 并同构于有理数域。

割圆连比例率 x 是超越的, 然而割圆连比例图解既不足以显示它的不同, 也不足以规定它参与运算的条件, 故形式运算在所难免。中算家将 x 添入 L 成超越单扩张环 $L[x]$, 割圆八线缀术的运算皆从此出。事实上, 由割圆诸率 x^n 形成的无穷循环群 (x) 与整数集 Z 形成的加群同构, 同构映射为 $x^n \to n$。令 $f_n(x) = a_n x^n$, 则相与率为

$$f = f_0 + f_1 + \cdots + f_n。$$

如果把 L 看成 $L[x]$ 的子环, 即 L 的非零元为 $L[x]$ 的零次多项式, 则 $L[x]$ 的元素可写为

$$f(x) = a_0 + a_1 x + \cdots + a_n x^n,$$
$$g(x) = b_0 + b_1 x + \cdots + b_n x^n。$$

相应地, 无穷级数 $L(x)$ 的元素可写为

$$f(x) = a_0 + a_1 x + a_2 x^2 + \cdots,$$
$$g(x) = b_0 + b_1 x + b_2 x^2 + \cdots。$$

中算家规定,如果对所有整数 $n \geqslant 0$ 都有 $a_n = b_n$,则
$$f(x) = g(x)。$$

一般地,
$$f(x) + g(x) = (a_0 + b_0) + (a_1 + b_1) x + \cdots,$$
$$f(x) \cdot g(x) = a_0 b_0 + (a_0 b_1 + a_1 b_0) x + \cdots。$$

显然,这些规定仅当级数收敛时成立,实际上是关于多项式的规定。对于多项式,减法只需以 $g(x)$ 的负元 $-g(x)$ 代入即得,乘法只需设定分配律即得。$L[x]$ 显然满足 L 的运算律,也满足乘法的消去律。所有这一切,割圆八线缀术都如法照搬,毫无例外。对于多项式的加法和乘法,分别有
$$\partial (f+g) \leqslant \max(\partial f, \partial g), \quad \partial (f \cdot g) = \partial f + \partial g,$$
这里以 ∂f 表示 $f(x)$ 的首项次数。清代学者似乎感到,无穷的算术不再有此性质。事实上,他们令 ∂f、∂g、$\partial (f \pm g)$ 及 $\partial (f \cdot g)$ 统统为 n。至于这一区别的本质是什么,它与运算的合理性有何关系,则没有去想。

以上三种运算形式上总能进行,除法却并不总是可行的。项名达在确定割圆连比例解时首先用到 $1/f$ 形除法,然后大量使用了 f/g 形除法,可以归纳如下。如果
$$f/g = c_0 + c_1 x + c_2 x^2 + \cdots,$$
则 c_n 必须对所有的 $n \geqslant 0$,满足
$$a_n = b_0 c_n + b_1 c_{n-1} + \cdots + b_n c_0。$$

因此,当且仅当 $df \geqslant dg$ 时,存在 h 使 $f = gh$。这里 df 表示 $f(x)$ 的末项次数。如果 $dg = k$,则
$$h = \frac{a_k}{b_k} + \left(\frac{a_{k+1}}{b_k} - \frac{a_k b_{k+1}}{b_k^2} \right) x + \left(\frac{a_{k+2}}{b_k} - \frac{a_{k+1} b_{k+1} + a_k b_{k+2}}{b_k^2} + \frac{a_k b_{k+1}^2}{b_k^3} \right) x^2 + \cdots。$$

对于 $L[x]$ 中非零的 $g(x)$ 和任意的 $f(x)$,仅当欧几里得法式的余式为零时才有 $g(x) | f(x)$。对 $L(x)$ 中任意的 $f(x)$,$g(x)$,只要 $dg = 0$ 就有 $g(x) | f(x)$。

看起来好像有所突破,直观证据表明后者似乎收敛,然而直观证据无法说明收敛性。因此,上述运算是形式地由 $L[x]$ 引入 $L(x)$ 的,割圆八线缀术的形式特征由此得到说明。

| 第二章　独立于天文学的结果 |

清代学者的无穷小分析表现了刘徽的极限观念,即"数而求穷之者,谓以情推,不用筹算"。

　　弧,圆线也。弦,直线也。二者不同类也。不同类,虽析之至于无穷,不可以一之也。然则终不可相求乎？非也。弧与弦虽不可以一之,苟析之至于无穷,则所以不可一之故见矣。得其不可一之故,即可因理以立法,是又未尝不可以一之也。何为而不可相求乎？[5]

明安图的割圆连比例解为

$$c_n = \sum_{k \geq 0}(-1)^k a_k c_1^{2k+1},$$

$$d_n = \sum_{k \geq 1}(-1)^{k-1} b_k d_1^k 。$$

其中 $n=2,3,4,5,10,100,1000,10000$, 只是 8 个特解而已。但他通过数值分析,却得到了一般性结果。经过分析系数结构及其变化趋势,明安图发现了三个基本事实

$$a_0 = n ; \quad \frac{a_{k-1}n^2}{a_k} \approx 4(2k)(2k+1) ;$$

随着 n 的增大, $4(2k)(2k+1)$ 之数不改,而奇零之差愈推愈微。对此,他解释道:"去奇零而用整分者,因其不可一而得其所以可一也。"由于 $n \to \infty$ 时

$$\frac{a_{k-1}n^2}{a_k} \to 4(2k)(2k+1), \quad nc_1 \to 2\alpha,$$

因此, $a_k c_1^{2k+1} \to \dfrac{2\alpha^{2k+1}}{(2k+1)!}$, 从而

$$\sin \alpha = \sum_{k \geq 0}(-1)^k \frac{\alpha^{2k+1}}{(2k+1)!} 。 \tag{15}$$

类似地,他发现

$$b_1 = n^2 ; \quad \frac{2b_{k-1}n^2}{b_k} \approx (2k)(2k-1) ;$$

随着 n 的增大, $(2k)(2k-1)$ 之数不改,而奇零之差愈推愈微。由于 $n \to \infty$ 时

$$\frac{2b_{k-1}n^2}{b_k} \to (2k)(2k-1), \quad nc_{1/2} \to \alpha,$$

因此, $b_k d_1^k = b_k \dfrac{c_{1/2}^{2k}}{2^k} \to \dfrac{\alpha^{2k}}{(2k)!}$, 从而

$$\cos\alpha = \sum_{k\geqslant 0}(-1)^k \frac{\alpha^{2k}}{(2k)!}。 \tag{16}$$

项名达的无穷小分析与明安图类似:"设有弧析分至极多,所析之分必极细。此极细一弧通弦几与弧合,以极多分乘之即原设通弧。"当 m 或 n 充分大时

$$c_1 \approx 2\beta \approx 0, \quad mc_1 \approx 2\alpha,$$

因而,$\varphi_{k,n}(l)c_1^k \approx \dfrac{\alpha^k}{k!}$,$\cos\beta \approx 1$。于是,可由

$$\sin\alpha/\cos\beta = X_{2n+1}(l) = \sum_{k\geqslant 0}(-1)^k \varphi_{2k+1,2n+1}(l)c_1^{2k+1},$$

$$\cos\alpha/\cos\beta = X_{2n}(l) = \sum_{k\geqslant 0}(-1)^k \varphi_{2k,2n}(l)c_1^{2k},$$

得到(15)和(16)。

项名达将有限和的性质推移到无限和,却把序列的极限等同于它的末项,因为这与感觉经验相称。由于坚持古代的观念,清代无穷小方法未能达至精确的概念。无论如何,三角学引进无穷的概念与方法,这是独立于天文学的重要标志。

第三节 割圆密率

古代的弧矢算术满足于近似关系,清代学者引进割圆八线缀术,以精确关系取代了近似关系。古代的弦矢关系没有展开,清代学者将它归之于有理二项式,有理二项式则被总结为形式运算结构。古代没有八线互求关系,西算没有展开形式,清代学者给出多种级数展开式。西算的弧背术没有证明,清代学者不仅提供了证明,还给出了其他同类结果。

一、弦矢互求关系

弦矢互求是割连比例解的关键问题,实际上它是开方式的展开问题,有理二项式依赖之。古代只有封闭形式的弦矢关系,缀术或许涉及展开形式,但是没有流传下来。

董祐诚的割圆连比例解无需开方,因为他的弦率"有奇分,无偶分",结果只是多项式而已。至于明安图和项名达,则必须开方,因为至少

$$\sin 2x = 2\sin x\sqrt{1-\sin^2 x}$$

需要展开。所以,

$$\cos x = \sqrt{1-\sin^2 x} = 1 - \frac{1}{2}\sin^2 x - \frac{1}{2^3}\sin^4 x - \frac{2}{2^5}\sin^6 x - \frac{5}{2^7}\sin^8 x - \cdots \tag{17}$$

是"清代无穷级数研究中的一个关键问题"[48]。

于是，清代学者尝试各种不同的展开方法，包括等积变换与数值分析。同时，有人将它归之于有理二项式，有理二项式则被总结为形式运算结构。

明安图用到两种方法，方法之一是把开方问题化为明安图变换问题，即通过基本关系

$$\frac{1}{4}\sin^2 x = \sin^2 \frac{x}{2} - \sin^4 \frac{x}{2} \tag{18}$$

确定

$$\sin 2x = 2\sin x(1 - 2\sin^2 \frac{x}{2}) \tag{19}$$

的问题。(18)和(19)都是要法的变体。对(18)施行明安图变换得到

$$\sin^2 \frac{x}{2} = \frac{1}{2^2}\sin^2 x + \frac{1}{2^4}\sin^4 x$$
$$+ \frac{2}{2^6}\sin^6 x + \frac{5}{2^8}\sin^8 x + \cdots,$$

代入(19)得到

$$\sin 2x = 2\sin x - \sin^3 x - \frac{1}{2^2}\sin^5 x - \frac{2}{2^4}\sin^7 x - \frac{5}{2^6}\sin^9 x - \cdots。 \tag{20}$$

明安图的方法之二是把开方问题化为等积变换问题，所据仍为要法的变体，涉及如下一个事实。令

$$\sin 2x = \sum_{n \geq 1} a_n \sin^{2n-1} x,$$

则

$$\sin^2 2x = \sum_{n \geq 2}\left(\sum_{k=1}^{n-1} a_k a_{n-k}\right)\sin^{2n-2} x。$$

由

$$\sin^2 2x = 4\sin^2 x - 4\sin^4 x,$$

有

$$\sum_{k=1}^{n-1} a_k a_{n-k} = \begin{cases} 4, & 若 n = 2, \\ -4, & 若 n = 3, \\ 0, & 若 n > 3, \end{cases}$$

由此即得(20)或(17)。

明安图为此提供了一种直观解释，令

$$\cos x = 1 - \frac{1}{2\sin x}\sum_{n\geq 1} t_n,$$

则有等积变换

$$4t_n \sin x = \begin{cases} 4\sin^4 x, & \text{若 } n=1, \\ t_{n-1}^2 + 2t_{n-1}\sum_{k=1}^{n-2} t_k, & \text{若 } n>1. \end{cases}$$

故

$$\sum_{n\geq 1} t_n = \sum_{n\geq 1} b_n \sin^{2n+1} x,$$

而

$$4b_n = \begin{cases} 4, & \text{若 } n=1, \\ \sum_{k=1}^{n-1} b_k b_{n-k}, & \text{若 } n>1. \end{cases}$$

后来徐有壬将它简化，令

$$\cos x = 1 - \sum_{n\geq 1} t_n,$$

则

$$2t_n = \begin{cases} \sin^2 x, & \text{若 } n=1, \\ t_{n-1}^2 + 2t_{n-1}\sum_{k=1}^{n-2} t_k, & \text{若 } n>1, \end{cases}$$

故

$$\sum_{n\geq 1} t_n = \sum_{n\geq 1} b_n \sin^{2n} x,$$

而

$$2b_n = \begin{cases} 1, & \text{若 } n=1, \\ \sum_{k=1}^{n-1} b_k b_{n-k}, & \text{若 } n>1. \end{cases}$$

显然，徐有壬的解释更为简单。[49]

项名达的无穷小分析没有上一部分所述那样直接，实际上他的推导还曾借助于递加数的"并积"[7]，虽然那是没有必要的。"并积"来自级数相乘

$$\sin\alpha = \cos\beta \sum_{k\geq 0} (-1)^k \varphi_{2k+1,2n+1}(l) c_1^{2k+1},$$

或

$$\cos\alpha = \cos\beta \sum_{k\geqslant 0}(-1)^k \varphi_{2k,2n}(l)c_1^{2k},$$

这里涉及弦矢互求关系(17), 因此, 他必须开方。

项名达的办法是直接展开

$$\cos x = \sqrt{1-\sin^2 x},$$

未经变换而结果亦同, 可能用到待定系数法。[50]不过, 它也能由整分递加数

$$(1+t)^n = \sum_{k=0}^{n}\varphi_{k,2n-k}(1)t^k$$

确立, 只需令

$$t = -\sin^2 x, \quad n = \frac{1}{2}.$$

若用零分递加数

$$(1+x)^{n+l-1} = \sum_{k\geqslant 0}\varphi_{k,2n-k}(l)x^k, \tag{21}$$

只需令

$$t = -\sin^2 x, \quad l = \frac{1}{2}, \quad n = 1。$$

由于原文没有说明, 难以断定其法究竟来自何处。

李善兰的办法也是直接展开, 但他考虑的是

$$\sin x = \sqrt{1-\cos^2 x}。$$

其法为 $\cos x$ 赋定某值, 经过实际运算, 并"分离元数"[15], 他归纳得

$$\sin x = 1 - \frac{1}{2}\cos^2 x - \frac{1}{4!!}\cos^4 x - \frac{3!!}{6!!}\cos^6 x - \frac{5!!}{8!!}\cos^8 x - \cdots。 \tag{22}$$

戴煦(1805~1860)的结果与此一致, 但是没有说明展开方法。[51]

(17)与(22)的系数相同, 皆为(21)中 $n=1$, $l=\frac{1}{2}$ 的情形。这表明(17)与(22)是(21)的一个特例, 只不过是 x 的表现形式不同而已。项名达和戴煦的结果或许由此可以得到说明, 他们使递加数摆脱垛积术的直观, 将二项式归结为形式运算结构: "诸乘方之根积连比例也, 其廉率递加数也。"[46]

二、八线互求关系

八线互求包括等弧八线的关系, 以及大小八线的关系。前者有赖于八线与弦矢的关系, 后者有赖于大小弦矢的关系, 都是级数关系。大小弦矢的关系是由 n 分弧法所确立的, 弦矢求八线则有赖于基本关系, 是由项名达的二分弧法所确立的。

由 n 分弧法，项名达给出大小弦矢的关系

$$\sin\alpha = \sum_{k\geq 0}(-1)^k 2^{2k}\phi_{2k+1,2n}(l)\sin^{2k+1}\beta, \qquad (23)$$

$$\cos\alpha = \sum_{k\geq 0}(-1)^k 2^{2k-1}\phi_{2k,2n+1}(l)\sin^{2k}\beta。 \qquad (24)$$

其中 $\alpha = m\beta$，$m = 2l+n-1$，而 $\phi_{k,n}(l)$ 为递加数的并积

$$\phi_{k,n}(l) = \varphi_{k,n-1}(l)+\varphi_{k,n+1}(l)。$$

(23)及(24)出自割圆连比例解

$$X_n(l) = \sum_{k\geq 0}(-1)^{\left[\frac{k}{2}\right]}\varphi_{k,n}(l)c_1^k, \qquad (25)$$

可以证明，它收敛于

$$\text{若}|n|\text{为奇数}, \ m\beta/\cos\beta, \qquad (26)$$
$$\text{若}|n|\text{不为奇数}, \ m\beta/\cos\beta。$$

由于

$$X_{-n}(l) = (-1)^n X_n(1-l),$$

以下只需考虑 $n \geq 0$。

先看必要性。由递加数的性质

$$\begin{aligned}\varphi_{k,n}(l) &= \frac{\varphi_{1,n+k-1}(l)\varphi_{1,n-k+1}(l)}{k(k-1)}\varphi_{k-2,n}(l) \\ &= \frac{1}{4}\left[\frac{m^2}{k(k-1)}+\frac{1}{k}-1\right]\varphi_{k-2,n}(l),\end{aligned} \qquad (27)$$

有

$$R = \lim_{n\to\infty}\sqrt{\left|\frac{\varphi_{k-2,n}(l)}{\varphi_{k,n}(l)}\right|} = 2。$$

因此，(25)在 $(-2,2)$ 的任一闭子区间上一致收敛，并且收敛函数连续，可以逐项微分。记

$$x = 2\sin\beta, \ y_n(x) = X_n(l),$$

则由(25)和(27)可得

$$(4-x^2)y_n'' - 3xy_n' + (m^2-1)y_n = 0。 \qquad (28)$$

边界条件是

| 第二章 独立于天文学的结果 |

$$y_n(0) = 0, \quad y_n'(0) = m/2, \text{ 若 } n \text{ 为奇数,}$$
$$y_n(0) = 1, \quad y_n'(0) = 0, \text{ 若 } n \text{ 不为奇数。} \tag{29}$$

考虑
$$(4-x^2)z'' - xz' + m^2 z = 0, \tag{30}$$

经过一次微分以后，令 $y_n = z'$ 可得(28)，故只需解(30)。令
$$z(x) = \phi(\theta), \quad \theta = 2\beta,$$

则
$$4\phi'' + m^2\phi = 0,$$

其通解为
$$\phi = C_1 \cos m\beta + C_2 \sin m\beta \text{。}$$

于是
$$y_n = -\frac{C_1 \sin m\beta - C_2 \cos m\beta}{2\cos\beta} m,$$

其中任意常数可由(29)确定

$$C_1 = -\frac{2}{m}, \quad C_2 = 0, \text{ 若 } n \text{ 为奇数,}$$

$$C_1 = 0, \quad C_2 = \frac{2}{m}, \text{ 若 } n \text{ 不为奇数,}$$

由此即得(26)。充分性显然，事实上

$$X_n(l) = \begin{cases} \sin m\beta/\cos\beta \\ \cos m\beta/\cos\beta \end{cases}$$

$$= \begin{cases} \sum\limits_{k \geq 1}(-1)^{k-1} C_m^{2k-1} \cos^{m-2k}\beta \sin^{2k-1}\beta, \\ \cos^{m-1}\beta + \sum\limits_{k \geq 1}(-1)^k C_m^{2k} \cos^{m-2k-1}\beta \sin^{2k}\beta, \end{cases}$$

这里

$$\sin\beta = \frac{c_1}{2}, \quad \cos^{m-2k}\beta = \left(1 - \frac{c_1^2}{4}\right)^{\lambda-k} \text{。}$$

由于余项在 $(-2,2)$ 上当 $k \to \infty$ 时极限为零，因此

$$X_n(l) = \sum_{k \geq 0}(-1)^{\left[\frac{k}{2}\right]} \varphi_{k,n}(l) c_1^k \text{。}$$

(26)表明,项名达的割圆连比例是应用"加减法"的结果。由"加减法",对任意整数 n,可将 m 分通弦或者直径与 m 分倍矢之差,分为 $X_{n-1}(l)$ 与 $X_{n+1}(l)$ 两个部分之和

$$X_{n+1}(l) + X_{n-1}(l) = \begin{cases} 2\sin m\beta, & \text{若}|n|\text{不为奇数}, \\ 2\cos m\beta, & \text{若}|n|\text{为奇数}, \end{cases}$$

并且可使

$$X_n(l)\cos\beta = \begin{cases} \sin m\beta, & \text{若}|n|\text{为奇数}, \\ \cos m\beta, & \text{若}|n|\text{不为奇数}, \end{cases}$$

从而得到割圆连比例

$$X_{n+1}(l) - X_{n-1}(l) = (-1)^n X_n(l) c_1 \text{。}$$

于是(25)"可以形察",它的收敛性及运算的合理性,都有了几何保证。

在弦矢关系的基础上,项名达更著"诸术明辨",给出八线与弦矢的关系。由于

$$\begin{cases} 2X_0\left(\tfrac{1}{2}\right) = 2(1-d_1) + X_1\left(\tfrac{1}{2}\right)c_1, \\ 2X_1\left(\tfrac{1}{2}\right) = X_0(\tfrac{1}{2})c_1, \end{cases}$$

而

$$c_1 = 2\sin\beta, \quad 1 - d_1 = \cos\beta,$$
$$X_0\left(\tfrac{1}{2}\right) = \sec\beta, \quad X_1\left(\tfrac{1}{2}\right) = \tan\beta,$$

因此

$$\sin\beta\csc\beta = 1, \quad \cos\beta\sec\beta = 1,$$
$$\tan\beta\cot\beta = 1, \quad \sin\beta + cov\beta = 1,$$
$$\cos\beta + vers\beta = 1, \quad \sin^2\beta + \cos^2\beta = 1,$$
$$\sec^2\beta - \tan^2\beta = 1, \quad \csc^2\beta - \cot^2\beta = 1,$$
$$\tan\beta = \frac{\sin\beta}{\cos\beta}, \quad \cot\beta = \frac{\cos\beta}{\sin\beta} \text{。}$$

若将(17)与(22)引入其中,可以弦矢求六线

$$vers\beta = \frac{1}{2}\sin^2\beta + \frac{1}{4!!}\sin^4\beta + \frac{3!!}{6!!}\sin^6\beta + \cdots,$$
$$cov\beta = \frac{1}{2}\cos^2\beta + \frac{1}{4!!}\cos^4\beta + \frac{3!!}{6!!}\cos^6\beta + \cdots,$$
$$\tan\beta = \sin\beta + \frac{1}{2}\sin^3\beta + \frac{3!!}{4!!}\sin^5\beta + \cdots,$$
$$\cot\beta = \cos\beta + \frac{1}{2}\cos^3\beta + \frac{3!!}{4!!}\cos^5\beta + \cdots,$$

$$\sec\beta = 1 + \frac{1}{2}\sin^2\beta + \frac{3!!}{4!!}\sin^4\beta + \cdots,$$

$$\csc\beta = 1 + \frac{1}{2}\cos^2\beta + \frac{3!!}{4!!}\cos^4\beta + \cdots。$$

把它们引入割圆八线的基本关系，则大小八线可以互求，例如，

$$\tan\alpha = m\sin\beta + \frac{m(2m^2+1)}{3!}\sin^3\beta + \frac{m(16m^4+20m^2+9)}{5!}\sin^5\beta + \cdots,$$

$$\sec\alpha = 1 + \frac{m^2}{2!}\sin^2\beta + \frac{m^2(5m^2+4)}{4!}\sin^4\beta + \cdots。$$

类似地，徐有壬得出等弧八线的级数关系，以及大小八线的级数关系凡 54 式，方法主要是明安图变换。事实上，他的方法由比例法、商除法、借径术及还原术组成。[49]其中前者用于构造明安图多项式[52]，后两者为明安图变换，并且包含前者在内。

三、八线与弧背的关系

八线与弧背的关系包括"弧背求八线"与"八线求弧背"两个方面。前者基于割圆连比例解并有赖于无穷小方法，后者基于前者并有赖于明安图变换，或与前者同法。

运用无穷小方法，明安图和董祐诚都得出"求弦矢捷法"。项名达的方法与结果也类似，根据

$$m\sin\beta = m\sin\frac{\alpha}{m} \to \alpha(m \to \infty),$$

由(23)和(24)推出

$$\sin\alpha = \alpha - \frac{1}{3!}\alpha^3 + \frac{1}{5!}\alpha^5 - \frac{1}{7!}\alpha^7 + \cdots, \tag{31}$$

$$\cos\alpha = 1 - \frac{1}{2!}\alpha^2 + \frac{1}{4!}\alpha^4 - \frac{1}{6!}\alpha^6 + \cdots。\tag{32}$$

既然弧背可求弦矢，而弦矢又可求切割，则弧背可求切割

$$\tan\alpha = \frac{\sin\alpha}{\cos\alpha} = \frac{\cos\beta}{\sin\beta} = \cot\beta。$$

依据八线互求关系，它们只需除法或者明安图变换。其中

$$0 < \alpha < \frac{\pi}{2}, \quad \beta = \frac{\pi}{2} - \alpha。$$

戴煦因(31)、(32)除得[53]

$$\tan\alpha = \alpha + \frac{2}{3!}\alpha^3 + \frac{16}{5!}\alpha^5 + \frac{272}{7!}\alpha^7 + \cdots, \tag{33}$$

$$\cot\beta = \frac{1}{\beta} - \frac{2}{3!}\beta - \frac{8}{3\cdot 5!}\beta^3 - \frac{32}{3\cdot 7!}\beta^5 - \cdots。 \tag{34}$$

类似地，他得到

$$\sec\alpha = 1 + \frac{1}{2!}\alpha^2 + \frac{5}{4!}\alpha^4 + \frac{61}{6!}\alpha^6 + \cdots, \tag{35}$$

$$\csc\beta = \frac{1}{\beta} + \frac{1}{3!}\beta + \frac{7}{3\cdot 5!}\beta^3 + \frac{31}{3\cdot 7!}\beta^5 + \cdots, \tag{36}$$

中算家的"弧背求八线"至此完成。

正弦求弧背的原始动机是求"周径密率"，结果引出相当于反三角函数的幂级数，由此构成三角学独立于天文学的另一批成果。例如，弦矢求弧背

$$\alpha = \sin\alpha + \frac{1^2}{3!}\sin^3\alpha + \frac{1^2\cdot 3^2}{5!}\sin^5\alpha + \cdots, \tag{37}$$

$$\frac{\alpha^2}{2!} = \frac{1}{2!}(2vers\alpha) + \frac{1^2}{4!}(2vers\alpha)^2 + \frac{1^2\cdot 2^2}{6!}(2vers\alpha)^3 + \cdots。 \tag{38}$$

明安图、董祐诚、项明达各家均有(37)、(38)，它们是新型的弧背术，都出自大小弦矢的关系。然而，他们所采取的步骤不一样，这与割圆连比例取值的范围有关。三人都有大小弦矢的关系

$$\sin m\beta = m\sin\beta - \frac{m(m^2-1^2)}{3!}\sin^3\beta + \cdots,$$

$$\cos m\beta = 1 - \frac{m^2}{2!}\sin^2\beta + \frac{m^2(m^2-2^2)}{4!}\sin^4\beta - \cdots,$$

但是 m 的取值有所不同。明安图的结果是特殊的，其中

$$m = 2,3,4,5,10,100,1000,10000 。$$

因此，他无法先用明安图变换，只能先用无穷小方法然后再用明安图变换。董祐诚的结果较为一般，通弦率数取 m 为奇数，矢率则取 m 为偶数。所以，他能先用明安图变换，再用无穷小方法。项名达的结果则是一般的，其中 m 为任意有理数，所以能免明安图变换，只用无穷小方法。

在已有基础上，切割求弧背只需明安图变换。然而，由于引入余弧的切线与割线，推理过程显得有些混乱。运用明安图变换，戴煦由(33)得到"切线求本弧"术

$$\alpha = \tan\alpha - \frac{1}{3}\tan^3\alpha + \frac{1}{5}\tan^5\alpha - \cdots。 \tag{39}$$

第二章 独立于天文学的结果

它对余弧同样成立,设 $\beta = \dfrac{\pi r}{2} - \alpha$,则

$$\beta = \tan\beta - \frac{1}{3}\tan^3\beta + \frac{1}{5}\tan^5\beta - \cdots 。$$

取其倒数,则

$$\frac{1}{\beta} = \frac{1}{\tan\beta} + \frac{2}{3!}\tan\beta - \frac{32}{3\cdot 5!}\tan^3\beta + \cdots 。$$

但 $\tan\beta = \dfrac{1}{\cot\beta}$,于是得到"切线求余弧"术

$$\frac{1}{\beta} = \cot\beta + \frac{2}{3!\cot\beta} - \frac{32}{3\cdot 5!\cot^3\beta} + \cdots 。$$

由(38),根据 $\dfrac{1}{1+x} = 1 - x + x^2 - \cdots$,或

$$vers\alpha = \frac{\sec\alpha - 1}{1 + (\sec\alpha - 1)} = (\sec\alpha - 1) - (\sec\alpha - 1)^2 + (\sec\alpha - 1)^3 - \cdots,$$

他得到"割线求本弧"术

$$\alpha^2 = \frac{1\cdot 2^2}{2!}(\sec\alpha - 1) - \frac{5\cdot 2^3}{4!}(\sec\alpha - 1)^2 + \frac{64\cdot 2^4}{6!}(\sec\alpha - 1)^3 - \cdots 。 \tag{40}$$

由(37),有

$$\beta = \sin\beta + \frac{1^2}{3!}\sin^3\beta + \frac{1^2\cdot 3^2}{5!}\sin^5\beta + \cdots 。$$

取其倒数,则

$$\frac{1}{\beta} = \frac{1}{\sin\beta} - \frac{1}{3!}\sin\beta - \frac{17}{3\cdot 5!}\sin^3\beta - \cdots 。$$

但 $\sin\beta = \dfrac{1}{\csc\beta}$,于是得到"割线求余弧"术

$$\frac{1}{\beta} = \csc\beta - \frac{1}{3!\csc\beta} - \frac{17}{3\cdot 5!\csc^3\beta} - \cdots 。$$

由此可见,切割求余弧其实大可不必,因为它们已经包含在(37)及(39)中。事实上,由(37)有

$$\beta = \sin\beta + \frac{1^2}{3!}\sin^3\beta + \frac{1^2\cdot 3^2}{5!}\sin^5\beta + \cdots$$

$$= \frac{1}{\csc\beta} + \frac{1^2}{3!\csc^3\beta} + \frac{1^2\cdot 3^2}{5!\csc^5\beta} + \cdots 。$$

同理，由(39)有

$$\beta = \tan\beta - \frac{1}{3}\tan^3\beta + \frac{1}{5}\tan^5\beta - \cdots$$

$$= \frac{1}{\cot\beta} - \frac{1}{3\cot^3\beta} + \frac{1}{5\cot^5\beta} - \cdots 。$$

因此，取其倒数没有必要。他之所以这么做，无非是类比余弧求切线。在那里(34)为(33)的倒数，而(36)为(31)的倒数。弧背与弦矢的关系同样包含有关余弧的结果，也许正因为如此，其他学者并未考虑余弧八线。

徐有壬的《测圆密率》卷二给出(31)、(32)及(37)、(38)，他称"俱本杜德美氏"。在此基础上，他运用明安图变换，求得切割与弧背互求四术。较之戴煦，其法既于逻辑关系不彰也于算术经济不利，唯自(35)至(40)的变换较为明朗。[54]

李善兰的八线与弧背互求诸术以(37)为基本。[55]因

$$\left(2\sin\frac{\alpha}{2}\right)^2 = 2\,\mathrm{vers}\,\alpha,$$

(37)自乘得(38)。通过明安图变换，由(37)、(38)得到(31)、(32)，由此除得(33)、(35)。再度变换，由(33)得到(39)。最后，因

$$\tan^2\alpha = 2(\sec\alpha - 1) + (\sec\alpha - 1)^2,$$

(39)自乘得(40)。其法与他人并无明显的不同，唯(37)"用尖锥立算，别开生面"[①]。然而尖锥立算有赖于无穷小分析，李善兰把它暗藏于"尖锥求积术"中。由于约定无限分割的结果作为前提，尖锥术实际上陷入了循环论证。

古代的学者未就近似关系与精确关系作出区分，主要是由两个方面的原因造成的：一方面，古代的学官对于涉及无穷的结果"废而不理"；另一方面，"万物化生"的机理"正在于奇零不齐之处"。因此，古代学者放弃了无穷的概念。清代学者重新引进无穷小方法，并以精确结果取代了古代的近似结果，这是三角学独立于天文学的结果。

第四节 弧 三 角 术

第一次传入的球面三角知识见于《大测》，亦见于《测量全义》，其应用范围不出天文历法之外，然而基本概念与方法都是几何的。中算家接受了弧三角术，并

[①] 戴煦《外切密率》自序。

| 第二章　独立于天文学的结果 |

发展了几何方法，但是直到晚清，基本概念未能独立于天文学。

一、弧三角概念

《大测》因明篇论及"球上三角形"，讨论基本概念与性质凡 20 条。依先后顺序，大致可分为三组。第一组(1)~(8)条，其中前 5 条是弧三角概念：

(1) 凡球上三角形，皆用大圈相交之角。

(2) 大测所用三角形之各弧，必小于大圈之半。

(3) 球大圈，分球为两平分。离于两极，各九十度。

(4) 彼大圈，过此大圈之极，此两圈，必相交为直角。

(5) 两大圈，相交为直角，必彼大圈过此大圈之极。

弧三角由大圈相交而成，大圈"分球为两平分"，并垂直于两极联线。"彼大圈过此大圈之极"则两圈垂直，反之亦然。《大测》特别规定，弧三角之边小于"大圈之半"。第 6~8 条涉及角的度量与余弧三角：

(6) 球上角之度，必从交引出为两弧，各九十度，而遇一象限之弧。两遇处相去之度，即此角之大。

(7) 球上角之两边，引出之，至相遇。即两弧俱成半圈，而两对角必等。

(8) 球上三角形，有相对彼三角形，与同底，而对角等。即彼形之两腰，为此形两腰之余腰。其彼此之同方两角，亦等两直角，而彼角为此角之余角。

由弧三角之一角，沿两边各引一弧 $\frac{\pi r}{2}$，交于"象限之弧"，则交点"相去之度即此角之大"。球上存在两边形，两对角相等而边长均为 πr，此两边形可视为两个弧三角之和。它们"同底而对角等"，同方两角互为"余角"，两腰互为"余腰"。

第二组(9)~(16)条，其中(9)~(10)条是正弧三角的分类：

(9) 直角三边形或有一直角，或二直角，或三俱直角。

(10) 有一直角者或有两锐角，或有两钝角，或一钝一锐角。

正弧三角有一至三个直角，有一直角者可有两锐角、两钝角或一钝一锐角。(11)~(16)条涉及正弧三角的性质：

(11) 有两锐角，则其对直角之直角三边形，有两钝角。

(12) 有两锐角，其三弧皆小于象限。

(13) 有两钝角，其两腰皆大于象限而第三弧必小于象限。

(14) 有一锐一钝角，其锐角之相对三角形，亦有一直角、两锐角。

(15) 有多直角，其对直角之各弧，皆为一象限。

(16) 有二直角，若第三为锐角，即对角之弧小于象限；若钝角，即对角之弧大于象限。

设 a,b,c 为弧三角 $A=\dfrac{\pi}{2}$，$B<\dfrac{\pi}{2}$，$C<\dfrac{\pi}{2}$ 所对三边，则

$$a<\dfrac{\pi r}{2},\ b<\dfrac{\pi r}{2},\ c<\dfrac{\pi r}{2}。$$

如果 $A'B'C'$ 为"对直角之直角三边形"，即 B' 与 C' 分别为 B 与 C 的"余角"，则

$$A'=\dfrac{\pi}{2},\ B'>\dfrac{\pi}{2},\ C'>\dfrac{\pi}{2}。$$

若 $A=\dfrac{\pi}{2}$，$B>\dfrac{\pi}{2}$，$C>\dfrac{\pi}{2}$，则

$$a<\dfrac{\pi r}{2},\ b>\dfrac{\pi r}{2},\ c>\dfrac{\pi r}{2}。$$

设 $A=\dfrac{\pi}{2}$，$B<\dfrac{\pi}{2}$，$C>\dfrac{\pi}{2}$，若 $A'B'C'$ 为 B 之"相对三角形"，即 a' 为 a 的"余腰"，则

$$A'=\dfrac{\pi}{2},\ B'<\dfrac{\pi}{2},\ C'<\dfrac{\pi}{2}。$$

若 $A=B=\dfrac{\pi}{2}$，则 $a=b=\dfrac{\pi r}{2}$，且

$$C\leqslant\dfrac{\pi}{2}\Rightarrow c\leqslant\dfrac{\pi r}{2},\ C\geqslant\dfrac{\pi}{2}\Rightarrow c\geqslant\dfrac{\pi r}{2}。$$

第三组(17)~(20)条，其中第(17)条是斜弧三角的分类：

(17) 球上斜三角形，有三类。或俱锐角，或俱钝角，或杂锐钝角。

这就是说，每个角皆可锐可钝。(18)~(20)条涉及斜弧三角的性质：

(18) 球上斜三角形，俱锐角者，其相对三角形，有两钝角、一锐角。

(19) 球上三边形俱钝角者，其相对三角形，有两锐角、一钝角。

(20) 球上三角形之三角并，大于两直角。

设 $A<\dfrac{\pi}{2}$，$B<\dfrac{\pi}{2}$，$C<\dfrac{\pi}{2}$，若 $A'B'C'$ 为 A 之"相对三角形"，即 B' 与 C' 分别为 B 与 C 的"余角"，则

$$A'<\dfrac{\pi}{2},\ B'>\dfrac{\pi}{2},\ C'>\dfrac{\pi}{2}。$$

若 $A>\dfrac{\pi}{2}$，$B>\dfrac{\pi}{2}$，$C>\dfrac{\pi}{2}$，则

$$A'>\dfrac{\pi}{2},\ B'<\dfrac{\pi}{2},\ C'<\dfrac{\pi}{2}。$$

最后一条说明，弧三角内角和"大于两直角"

第二章 独立于天文学的结果

$$A+B+C>\pi。$$

根据《测量全义》，弧三角是"球上圈相交"所成，若三边皆"大圈"之弧则为"大测之本"。由于大圈的重要作用，卷七列出"圆球借论"一节，专门讨论它的性质。

大圈"皆与球同心"。两大圈相交则彼此平分。反之，两圈若彼此平分，则"两皆大圈"。大圈如果过他圈之两极，则两圈垂直。大圈与"本极"距一象限，大圈若垂直于其他两个大圈，则本极在"两圈之交"。大圈上等角之弧相等，小圈亦然，但是大圈与小圈上同角之弧不等。两大圈交角必等，邻角相并为两直角，与直线相交同理。大圈之弧不能平行，这是因为"一心止一圈"之故。

弧三角被分为等边、等腰与"各边不等"三类，正弧三角被分为三直角、两直角与一个直角三类。等边形"其角必等"，等腰形"其对角亦等"，各边不等则"各角亦不等"。有三直角或两直角者"俱不论"，因为"此二类自明"。有一直角者，若"余皆锐"，则"其边少"，即

$$a<\frac{\pi r}{2},\ b<\frac{\pi r}{2},\ c<\frac{\pi r}{2}。$$

若 $A=\frac{\pi}{2}$，$B<\frac{\pi}{2}$，$C>\frac{\pi}{2}$，则

$$b<\frac{\pi r}{2},\ c>\frac{\pi r}{2}。$$

若 $A=\frac{\pi}{2}$，$B>\frac{\pi}{2}$，$C>\frac{\pi}{2}$，则

$$b>\frac{\pi r}{2},\ c>\frac{\pi r}{2}。$$

设 $A=\frac{\pi}{2}$，若 B 与 C "同类"，则 $a<\frac{\pi r}{2}$。

弧三角与平三角"异理"，主要表现在三角之和、相关之理与相易之法。平三角之和等于两直角，弧三角之和"其数不定"，有两角不能得其三。平三角各边能当全数，直角形有两边可求其三，弧三角不能。弧三角等角形之边必等，有三角可推三边若干，平三角不能。弧三角相易"其法有五"，要其归"次形"与"垂弧"二法。次形与元形"相似相当"，可用于弧角互易，垂弧可将斜角形问题化为直角形问题。

梅文鼎接受了几何的弧三角术，虽然基本概念未能独立于天文学。根据《弧三角举要》，弧三角与天相应，弧度"必以天为法"。弧是球上的弧，天是最大最圆的球，所以"弧三角之度皆天度也"。

大圈是球的"腰围之一线"，如"黄道、赤道"及"子午规、地平规"等，所以"纵横斜侧皆可为大圈，而其大必相等"。大圈有极，他圈过两极，则与本圈"正交"，如"经

圈"与赤道正交。两大圈相交"必有二处",如"黄、赤二道相交于春分,必复相交于秋分",两处"相距一百八十度"。大圈相交而成角,弧三角术"所由以立也"。三大圈相交,如"黄道赤道既相交"而"经圈截两道"则成弧三角,角度"量之以对角之弧"。

弧三角不同于平三角,平三角"三角并之皆一百八十度",弧三角之并"大于一百八十度,但不得满五百四十度"

$$\pi < A + B + C < 3\pi。$$

平三角有两角可知其三,弧三角不能。平三角若有一角不锐则其余二角皆锐,弧三角不然。平三角有相似、有全等,弧三角只有全等"而无相似",因为"同角者必同边"。平三角不可以三角求边,弧三角则可以。

关于弧三角的分类,梅文鼎的结果较为系统、全面。角有正、斜,斜有锐、钝。据此,他给出一种分类。其结果与西法略同,但是工作更细。例如,

$$A = \frac{\pi}{2},\ B < \frac{\pi}{2},\ C > \frac{\pi}{2},$$

"内分二种"

$$B + C = \pi,\ B + C \neq \pi。$$

称边"小",如果它在"象限以下"。如果适足象限或在象限以上,则"边足"或"边大"。据此,他又对上述分类作出了进一步说明。

古代测天"以平测圆",梅文鼎主张"以圆测圆"。以圆测圆必用"视法",视法说明了弧三角的"实度"与"视度"的关系,即投影关系。

> 平仪有实度有视度,有直线有弧线。直线在平面皆实度也。弧线在平面,则唯外周为实度,其余皆视度也。实度有正形,故可以量。视度无正形,故不可以量。

浑象在平面上的投影既有正形,也有借象,视度有借象而无正形,似乎不可度量。然而视度也可度量,这是因为"有外周之实度与之相应"。过大圆的投影"随度之高下而迁",边上的投影保持大圆不变,离边越远投影越立,至于正中则"与圆径齐观"。由于边上视度与实度保持一致,因而视度可化为实度,算法与量法于是得以统一。

梅文鼎由简平仪得到启发,由零散的投影知识提炼出一条原则:"以横线截弧度,以直线取角度,并与外周相应。"[24] (图2-2)

以横线截弧度:横线指的是 AB,弧度是 P 的去极度 $\overset{\frown}{PN}$。过 P 作横线平行于 WE,交圆周于 A,B,则有外周实度 $\overset{\frown}{AN}$ 与视度 $\overset{\frown}{PN}$ 相应。

以直线取角度:直线指的是 PC,角度是 P 的方位角 $\overset{\frown}{AP}$。以 AB 为直径作半圆,过 P 作直线交半圆于 C,则有外周实度 $\overset{\frown}{AC}$ 与视度 $\overset{\frown}{AP}$ 相应。

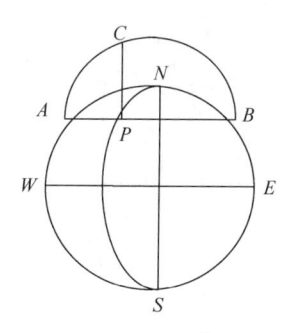

图2-2　P 的平行正投影图

于是，视度化为实度，不可量变为可量。作为梅文鼎弧三角术的理论依据，视法不仅解释了球面三角的一些性质，而且还说明了平面三角的若干公式。

关于弧三角，梅文鼎的反应说明了清初学者的态度。基本概念未能独立于天文学，但是几何方法得到发展，概念进化的方向由此限定。直到晚清以前，中算家尽可能地为弧三角提供几何解释，虽然这与三角学的发展方向背道而驰。

二、正弧三角术

《大测》不涉及弧三角解法，《测量全义》则论及弧三角"各边角正弦等线之比例"，并探讨了"相求约法"。正弧三角术以正弦定理为核心，基本关系用到"次形法"。

设 $A = \dfrac{\pi}{2}$，$B < \dfrac{\pi}{2}$，$C < \dfrac{\pi}{2}$，则 a，b，c 皆在象限以下，可令

$$a' = \frac{\pi r}{2} - b, \quad b' = \frac{\pi r}{2} - a,$$

$$c' = c = \frac{\pi r}{2} - Br。$$

由此构成弧三角 $A'B'C'$，称为"次形"，其中

$$A' = \frac{\pi}{2}, \quad B' = \frac{\pi}{2} - \frac{c}{r}, \quad C' = C。$$

次形并不唯一，如令

$$a' = Br, \quad b' = b, \quad c' = \frac{\pi r}{2} - Cr,$$

则

$$A' = \frac{\pi}{2}, \quad B' = \frac{a}{r}, \quad C' = \frac{\pi}{2} - \frac{c}{r}。$$

于是，通过余弧关系，元形可化为次形，弧角可以互易。

正弧三角"各边角正弦等线之比例"建基于两个基本关系：

全数(即直角之本数)与某角之正弦,若底弧之正弦与某角对边之正弦。……全数与角之切线,若角旁边之正弦与角对边之切线。[39]

设"全数"为 r,即
$$\sin Ar = r\sin A = r,$$
"某角"为 Br,正弦为
$$\sin Br = r\sin B,$$
"底弧"为 a,则
$$\sin b = \sin a \sin B,$$
是为"第1题"。类似地,
$$\sin c = \tan b \cot B,$$
即"第4题"。它们取决于相似勾股形的比例关系,是"以浑体解之",有关概念"亦借浑天,以便识别"。

对次形一,第1题依然成立
$$\sin b' = \sin a' \sin B'。$$
但
$$\sin a' = \sin(\frac{\pi r}{2} - b) = \cos b,$$
$$\sin b' = \sin(\frac{\pi r}{2} - a) = \cos a,$$
$$r\sin B' = \sin(\frac{\pi r}{2} - c) = \cos c,$$
故
$$r\cos a = \cos b \cos c,$$
即"第2题"。于是,由次形二,有
$$r\cos a' = \cos b' \cos c'。$$
但
$$\cos a' = \cos Br = r\cos B, \quad \cos b' = \cos b,$$
$$\cos c' = \cos(\frac{\pi r}{2} - Cr) = r\sin C,$$
故
$$r\cos B = \sin C \cos b,$$
即"第3题"。类似地,对次形一,第4题仍有效
$$\sin c' = \tan b' \cot B'。$$
但

| 第二章　独立于天文学的结果 |

$$\sin c' = \sin(\frac{\pi r}{2} - Br) = r\cos B,$$

$$\tan b' = \tan(\frac{\pi r}{2} - a) = \cot a,$$

$$\cot B' = \cot(\frac{\pi}{2} - \frac{c}{r}) = \frac{\tan c}{r},$$

故

$$r^2 \cos B = \cot a \tan c 。①$$

于是，由次形二，有

$$r^2 \cos B' = \cot a' \tan c' 。$$

但

$$\cos B' = \cos\frac{a}{r} = \frac{\cos a}{r},$$
$$\cot a' = \cot Br = r\cot B,$$
$$\tan c' = \tan(\frac{\pi r}{2} - Cr) = r\cot C,$$

故

$$\cos a = r\cot B \cot C 。$$

通过恒等变形，《测量全义》由上述 6 个结果得出 26 个推论，依据是八线的基本关系与比例的基本性质。特别值得注意的是，"反理"与"反用其率"法，也即反比与更比。它们是纯粹的算术关系，后来引起晚清学者的注意，对三角学的形式化尝试无疑具有启发意义。

在上述各式中，b，c 均可对调，只需置换 B，C。例如，
$$\sin b = \sin a \sin B \Rightarrow \sin c = \sin a \sin C,$$
这是"相求约法"之一。由于 $\sin A = 1$，因此，
$$\frac{\sin a}{\sin A} = \frac{\sin b}{\sin B} = \frac{\sin c}{\sin C},$$
弧三角术所由立也。

梅文鼎发现，正弧三角形"以八线成勾股"。若甲为直角，乙为黄赤交角，则有边角关系
$$\sin a = \sin A \sin c 。$$

设卯为球心、r 为半径，如令

---

① 原文"全与边之余切线，若边旁角乙之余弦与底之余切线"似乎有误，正确叙述应为：全与边之切线，若底之余切与边旁角之余弦。

$$癸巳 = r\sin A,\ 卯巳 = r\cos A,$$
$$戊丁 = r\tan A,\ 戊卯 = r\sec A,$$
$$丙辛 = \sin a,\ 丙壬 = \sin c,$$
$$甲子 = \tan a,\ 子丑 = \sin b,$$
$$未乙 = \tan b,\ 酉乙 = \tan c,$$
$$卯癸 = 卯丁 = r,$$

则成 5 个勾股形

Rt△ 癸巳卯，Rt△ 戊丁卯，Rt△ 丙辛壬，Rt△ 甲子丑，Rt△ 酉未乙。梅文鼎证明，它们都相似。

赤道平安。从乙视之，则丁乙象限与丁卯半径，视之成一线。而辛壬联线、甲丑正弦、未乙切线，皆在此线之上矣。以其线皆平安，皆在赤道平面，与赤道半径平行，故也。是为勾线。

赤道平安，则黄道之斜倚亦平。其癸乙象限与癸卯半径，从乙视之成一线。而丙任正弦、子丑联线、酉乙切线，皆在此线之上矣。以其线皆斜倚，皆在黄道平面，与黄道半径平行，故也。是为弦线。

黄、赤道相交成乙角，而赤道既平安，则从乙窥卯，卯乙半径竟成一点，而乙、丑、壬、卯角合成一角矣。

诸勾股形既同角，而其勾线皆同赤道之平安，其弦线皆同黄道之斜倚，则其股线皆与赤道半径为十字正角而平行矣。是故形相似而比例皆等也。

梅文鼎的证明可以概括如下：

(1) 诸勾共面，因为它们共面且平行。

(2) 诸弦共面，因为它们共面且平行。

(3) 勾弦诸交点共线。

所以，这些勾股"形相似而比例等"。

显然，这里存在问题。无论如何，结论没有错。诸勾(弦)共面，且垂直于黄赤交线，因此它们平行，是故"此五勾股形皆相似"。于是，根据比例的性质，得出前述结果。

同理得到

$$\sin b = \sin B \sin c.$$

联系前述结果，即得正弦定理

$$\frac{\sin a}{\sin A} = \frac{\sin b}{\sin B} = \frac{\sin c}{\sin C},$$

| 第二章　独立于天文学的结果 |

其中，$\sin C = 1$。

项名达有正弧三角和较术 16 题。它们没有图解，结果为比例关系，立足于率的概念。

前 2 题：若 $C \neq \dfrac{\pi}{2}$，则
$$\sin(a-b)\cot\dfrac{C}{2} = \sin(a+b)\tan\dfrac{C}{2}。$$

又 4 题：若 $A = \dfrac{\pi}{2}$，则
$$\tan\dfrac{a-b}{2}\cot\dfrac{C}{2} = \tan\dfrac{a+b}{2}\tan\dfrac{C}{2}。$$

又 2 题：若 $C < \dfrac{\pi}{2}$，则
$$\tan\dfrac{a-b}{2}\cot\dfrac{c}{2} = \cot\dfrac{a+b}{2}\tan\dfrac{c}{2}。$$

又 4 题：设 $C = \dfrac{\pi}{2}$，则
$$\cos(A-B)\tan\dfrac{c}{2} = \cos(A+B)\cot\dfrac{c}{2}。$$

若 $A < B$，则
$$\cot(\dfrac{\pi}{4} + \dfrac{A-B}{2})\cot\dfrac{b}{2} = \cot(\dfrac{A+B}{2} - \dfrac{\pi}{4})\tan\dfrac{b}{2}。$$

若 $A > B$，则
$$\tan(\dfrac{\pi}{4} - \dfrac{A-B}{2})\cot\dfrac{b}{2} = \cot(\dfrac{A+B}{2} - \dfrac{\pi}{4})\tan\dfrac{b}{2}。$$

上述结果可归结为下列"约法"：
$$\sin(a-b) = \sin(a+b)\tan^2\dfrac{C}{2}, \quad \tan\dfrac{a-b}{2} = \tan\dfrac{a+b}{2}\tan^2\dfrac{C}{2},$$
$$\tan\dfrac{a-b}{2} = \cot\dfrac{a+b}{2}\tan^2\dfrac{c}{2}, \quad \cos(A-B) = \cos(A+B)\cot^2\dfrac{c}{2}。$$

若 $A < B$，则
$$\cot(\dfrac{\pi}{4} + \dfrac{A-B}{2}) = \cot(\dfrac{A+B}{2} - \dfrac{\pi}{4})\tan^2\dfrac{b}{2}。$$

若 $A > B$，则

$$\tan(\frac{\pi}{4} - \frac{A-B}{2}) = \cot(\frac{A+B}{2} - \frac{\pi}{4}) \tan^2 \frac{b}{2}。$$

后 4 题: 两角所对两边的关系满足

$$R\sin\frac{a-b}{2} = \sin\frac{a+b}{2} \tan\frac{A-B}{2},$$

$$R\cos\frac{a-b}{2} = \cos\frac{a+b}{2} \tan\frac{A+B}{2}。$$

根据《三角和较术》项明达的自序,他曾"立正弧三角和较凡六术,著图说以呈给谏"。这表明上述结果中至少一部分曾有图解,但是没有收入《三角和较术》中。他似乎意识到,弧三角术虽然可有图解,但是并不完全取决于图解。

三、斜弧三角术

在《测量全义》中,正弧三角术的基础已备,斜弧三角术则不完备。斜弧三角术以正弦定理为基本,涉及边的余弦定理和角的余弦定理,"各边角正弦等线之比例"及其"相求约法"用到次形与"垂弧法"。

正弧三角的次形变换保持三角不变,斜弧三角不然,次形变换不再保角。元形若为"斜角形"并且 $b = c$,可令

$$a' = a,\ b' = \pi r - b,\ c' = \pi r - c,$$

则

$$A' = A,\ B' = \pi - B,\ C' = \pi - C。$$

于是,元形"边大、角钝",易为次形则"边小、角锐"。元形若为"三不等形",可令

$$a' = Ar,\ b' = \pi r - Br,\ c' = Cr,$$

则

$$A' = \frac{a}{r},\ B' = \pi - \frac{b}{r},\ C' = \frac{c}{r}。$$

于是,通过补角关系,元形化为次形,弧角可以互易。

垂弧可将斜角形问题化为直角形问题。设 a,b 及 C 已知,由 B 引垂弧至 b 上的 D,则成 $\triangle ABD$ 与 $\triangle BCD$ 两直角形。由于 a 与 C 已知,故 $\triangle BCD$ 可解,从而 $\triangle ABD$ 可解。由 A 引垂弧至 a,亦成两个直角形,它们同样可解。如果已知"二角一边",可由"他边之对角作垂弧",亦得可解的直角形。如上操作不能,"则引长其对弧,令受垂弧"。如果"底边两旁角为同类",则垂弧在形内,若为异类则垂弧在形外。

设 $\triangle ABC$ 为斜角形,若由 A,B,C 各引垂弧 a',b',c' 至对边,则

$$\sin a' = \sin B \sin c = \sin C \sin b,$$

$$\sin b' = \sin C \sin a = \sin A \sin c,$$

$$\sin c' = \sin A \sin b = \sin B \sin a,$$

所以"各角之正弦，与其对边之正弦，皆为同比例"

$$\frac{\sin a}{\sin A} = \frac{\sin b}{\sin B} = \frac{\sin c}{\sin C}。$$

关于余弦定理，《测量全义》通过图解得出结论:

全数上方形与两腰之正弦矩内形，若两腰间角之矢与两矢之较。

其中，"两矢"一为"底弧之矢"，一为"两腰较弧之矢"，即

$$r^2 : \sin b \sin c = r(1-\cos A) : [\cos(b-c) - \cos a]。$$

由于

$$r\cos(b-c) = \cos b \cos c + \sin b \sin c,$$

这个结果等价于边的余弦定理

$$r\cos a = \cos b \cos c + \sin b \sin c \cos A。$$

根据图解，其中，a,b 或 a,c 可以对调，只需置换 A,B 或 A,C。据此，通过次形法《测量全义》推出关于角的余弦定理。

上述结果对次形有效

$$r^2 : \sin b' \sin c' = r(1-\cos A') : [\cos(b'-c') - \cos a']。$$

但

$$\sin b' = \sin(\pi r - Br) = r\sin B,$$
$$\sin c' = \sin Cr = r\sin C,$$
$$\cos A' = \cos\frac{a}{r} = \frac{1}{r}\cos a,$$
$$\cos a' = \cos Ar = r\cos A,$$
$$\cos(b'-c') = \cos[\pi - (B+C)]r$$
$$= -r\cos(B+C),$$

故

$$-r[\cos A + \cos(B+C)] = (r - \cos a)\sin B \sin C,$$

也即"全数上方形与两角之两正弦矩内形，若两角内边之矢与某矢"。由于

$$\cos(B+C) = \cos B \cos C - \sin B \sin C,$$

这个结果等价于角的余弦定理

$$r\cos A = -r\cos B \cos C + \sin B \sin C \cos a。$$

根据图解，其中 A,B 或 A,C 可以对调，只需置换 a,b 或 a,c。

不过，"相求约法"不用上式而用

$$\frac{1}{r}\sin b\sin c:[\cos(b-c)-\cos a]=r:(r-r\cos A),$$

即"初得数与两矢之较,若全数与角之矢"。式中首率

$$\frac{1}{r}\sin b\sin c$$

为"初得数",梅文鼎"初数、次数"法的灵感来源于此,由此发展出"加减法"。

关于斜弧三角正弦定理,梅文鼎的步骤与西法略同,也用垂弧法与比例法。不同的是,他根据角度大小,分别讨论各种情形,这是依赖于几何所致。在功能上,他的次形与垂弧法与西法无异,但是结构有些混乱,由于强调几何意义,简单问题往往复杂化。另外,通过传统的数值分析方法,他说明了比例的"反理"与"更理",它们说明了"斜弧比例之所以然"。根据八线的基本关系,通过反比与更比,他把"斜弧比例"都表示成率的形式。梅文鼎的算术化工作对三角学的形式化具有积极的意义,然而未能引起中算家的重视,直到晚清。

梅文鼎的"先数后数"与"初数次数"法均涉及边的余弦定理。例如,"初数次数"法

$$\frac{1}{r}\sin b\sin c:(\cos a-\frac{1}{r}\cos b\cos c)=r:r\cos A,$$

也即四率相当比例

一、初得数。

二、次得数与对弧余弦相并。

三、半径。

四、角之余弦。

这里 $A<\frac{\pi}{2}<b$,梅文鼎为此提供了图解。

据此通过次形,不难得出角的余弦定理,如《测量全义》那样。然而这是"三边求角",是从适用范围而非数学原理方面探讨边角关系,表现出中算家的知识传统。

项名达的《三角和较术》包括"斜弧三角"20题,用到八线的和较关系。

前4题用正切公式

$$\tan\frac{a-b}{2}\tan\frac{A+B}{2}=\tan\frac{a+b}{2}\tan\frac{A-B}{2}。$$

又4题:由边的余弦定理,有

$$\frac{\cos(a-b)-\cos c}{\cos c-\cos(a+b)}=\tan^2\frac{C}{2}。$$

由角的余弦定理,有

$$\frac{\cos(A+B)+\cos C}{\cos(A-B)+\cos C}=-\tan^2\frac{c}{2}。$$

又4题：由半角公式，有

$$\sin\frac{a-b+c}{2}\tan\frac{B}{2}=\sin\frac{a+b-c}{2}\tan\frac{C}{2},$$

$$\sin\frac{a-b-c}{2}\cot\frac{B}{2}=\sin\frac{a+b+c}{2}\tan\frac{C}{2}。$$

由半弧的正切公式有

$$\sin b(1+\cos c)\tan\frac{c}{2}=\sin c(1+\cos b)\tan\frac{b}{2},$$

由弧三角正弦定理有

$$\sin A\sin B(1+\cos c)\tan\frac{c}{2}=\sin A\sin C(1+\cos b)\tan\frac{b}{2},$$

由角的余弦定理有

$$[\cos(A-B)+\cos C]\tan\frac{c}{2}=[\cos(A-C)+\cos B]\tan\frac{b}{2}。$$

于是，由余弦的和与积的关系，有

$$\cos\frac{A+B-C}{2}\tan\frac{b}{2}=\cos\frac{A-B+C}{2}\tan\frac{c}{2}。$$

但

$$\cos(A+B)+\cos C=-[\cos(A-B)+\cos C]\tan^2\frac{c}{2},$$

故

$$\cos\frac{A+B+C}{2}\cot\frac{b}{2}=-\cos\frac{A-B-C}{2}\tan\frac{c}{2}。$$

后8题：由半角和较的正弦、余弦公式，有

$$\sin\frac{A-B}{2}\tan\frac{c}{2}=\sin\frac{A+B}{2}\tan\frac{a-b}{2},$$

$$\cos\frac{A-B}{2}\tan\frac{c}{2}=\cos\frac{A+B}{2}\tan\frac{a+b}{2}。$$

$$\sin\frac{a-b}{2}\cot\frac{A-B}{2}=\sin\frac{a+b}{2}\tan\frac{C}{2},$$

$$\cos\frac{a-b}{2}\cot\frac{A+B}{2}=\cos\frac{a+b}{2}\tan\frac{C}{2}。$$

它们没有图解，都是比例关系，立足于率的概念。在《测量全义》中，弧三角术用到比例的"更理"与"反理",它们都是算术关系。梅文鼎将它们表示为率的形式,对晚清三角学产生了积极的影响,项名达似乎摆脱了几何直观。

在《测量全义》中,正弧三角"各边角正弦等线之比例"凡 32 术。其中,用图解者 2, 用次形者 4, 余皆算术关系。"斜弧比例"凡 22 术,其中用图解者 1,用次形者 1,用垂弧者 6,余皆算术关系。合计弧三角 54 术,含基本关系 14 术,其中用图解者仅为 3 术。

次形与垂弧法属于形式变换,由于强调几何意义,梅文鼎丧失了它们的实质。为了表明弧三角"以八线成勾股",梅文鼎"于无勾股中寻出勾股来"。从此,中算家皆以勾股解释弧三角。至 18 世纪 20 年代,弧三角"各边角正弦等线之比例"均被解释为勾股关系。[56]算术的比例关系对清初三角学产生了一定的影响,但是影响不大,中算家未能摆脱几何直观。

乾嘉学派试图以"中学为体",例如,戴震(1724~1777)尝为弧三角提供传统的几何解释。然而,几何的解释与当时三角学概念的发展方向背道而驰。

汪莱(1768~1813)的工作有些异样,他规定出弧三角有解的条件、解的个数及其范围,使弧三角术得以系统化。这归功于次形与垂弧法的完善,有赖于八线的符号法则,属于代数化的结果。事实上,在西方代数理论的影响下,他曾研究过方程的正根个数。对于某些特殊类型的方程,他能正确判定有无正根及有多少正根,还给出一定条件下正根与正根的关系。汪莱有代数化的思想倾向,但是未能引起重视。

晚清学者的态度似乎发生了变化,项名达的弧三角和较术具有形式特征,基本关系包含形式结果。在此基础上,中算家有机会独立完成三角学的形式化,只需基本概念算术化,有关知识系统化。然而,晚清学者拒绝了形式主义,这与"中体西用"的要求有关。及至第二次西学东渐,代数化的三角学传入中国,中算家的三角术再无发展空间。

第三章　独立于几何学的结果

随着第二次西学东渐，代数化的三角学传入中国，中算家称之为"八线数理"或"三角数理"。"三角数理"讲究形式推导，不需要几何解释①，却可得"甚简便之法"。三角关系"俱能以算术核之"，所有对象都可以符号代之②，故"用处最广"。

《三角数理》表明，三角学虽然可有几何解释，但却并不依赖于这样的解释。

第一节　三角比例数

割圆八线代数化形成三角比例数的概念，八线的某些遗留问题由此得到解决，而新概念具有更加广泛的用途。八线关系有赖于割圆术，因而论证相对复杂。"三角比例数"则以代数方法简化了证明，三角知识由此更加全面、更加系统化。

一、基本关系

代数化结果较为一般，推理形式比较简单，逻辑关系更加清晰。三角形几何解法"只得大略而已，欲求精密不可得也"，唯代数方法"得数最密"。

> 已知三角形数个边角，从几何之理，有法可画成其全形。惟因最精之画图器亦不能无差，且不能辨其毫厘之数，故以画法作三角形只得大略而已，欲求精密不可得也。是以算学家设立各种算法，以代画图之规矩，则得数最密。……[58]

因此，三角数理"用处最广"，适用于数学与科学的许多领域。

> 凡角度大小之理、各角之数所有彼此相关之理、并角与他几何相关之理俱能以算术核之，且能显明直线与角度相关之故，从此得各种测量之公法。[58]

割圆八线的度量有时很不方便，这是依赖几何的结果，由割圆术引起的"窒碍之事极多"。代数则有一法，采用竖与度的关系可以简化计算："以等于平圆半径之弧所配圆心之角为主，则比常法更便"，由此引出"三角比例数"的概念。

考虑半径长为 r 之弧所对圆心角 θ_0，由"几何原本第六卷三十三题之理"有

---

① 各题"但用代数之法解之已可极其明白"而"不必作多线之图"[57]。
② 无论其所设、所求之数为线、为角，俱可以数目之字明之。[57]

$$\frac{\theta_0}{180°} = \frac{r}{\pi r} = \frac{1}{\pi},$$

故

$$\theta_0 = \frac{180°}{\pi} = 57°29577。$$

它与半径无关[①]，故"可用此角为主，以度他角"。令 θ 为任一弧段 α 所对圆心角，则

$$\theta = \theta_0 \frac{\alpha}{r}。$$

即"无论何角，可变其常度为真弧度，亦可变其真弧度为常度"。特别地，若 $r=1$，则

$$\theta = \theta_0 \alpha。$$

所以"无论何角，皆可以真弧度明之"。

三角比例数涉及勾股形而与割圆术无关：

  无论何角，若从其为界之两条直线上任取一点，自此点作线与彼线为垂线、或与彼线引长之线为垂线，则能成直三角形。有界说三则如左：

  对正角之边与对本角之边比为斜/高，是谓本角之正弦；

  本角所倚之底边与本角所对之边比为底/高，是谓本角之正切；

  本角所倚之底边与对正角之边比为底/斜，是谓本角之正割。

设直角三角形的斜边为 r，本角 α 的邻边为 x 而对边为 y，则

$$\sin\alpha = \frac{y}{r}, \quad \tan\alpha = \frac{y}{x}, \quad \sec\alpha = \frac{r}{x}。$$

余角之正弦、正切、正割，即本角之余弦、余切、余割。

令 $\beta = \frac{\pi}{2} - \alpha$，则

$$\cos\alpha = \sin\beta = \frac{x}{r}, \quad \cot\alpha = \tan\beta = \frac{x}{y},$$

$$\csc\alpha = \sec\beta = \frac{r}{y}。$$

由此易知"本角之余弦、余切、余割即为正割、正切、正弦之倒数"，例如

$$\tan\alpha \cot\alpha = \frac{y}{x} \times \frac{x}{y} = 1。$$

[①] 无论其平圆之大小如何，此角必为不变之数。引自参考文献[58]，以下引文没有注明出处者，皆同。

第三章　独立于几何学的结果

最常用的正弦、余弦与正切为"第一类比例数",其余 3 种则为"次类比例数",正矢与余矢退居其次。显然,x 与 y 实为八线之主,比例数与八线的关系由此得到说明。

三角比例数的基本关系可由定义直接导出

$$\sin^2\alpha + \cos^2\alpha = 1,$$
$$\sec\alpha\cos\alpha = 1, \quad \sin\alpha\csc\alpha = 1,$$
$$\tan\alpha = \frac{\sin\alpha}{\cos\alpha}, \quad \cot\alpha = \frac{\cos\alpha}{\sin\alpha}.$$

这是"五个根本之式",由此可得其他关系,事实上

$$\sec^2\alpha = \frac{1}{\cos^2\alpha} = \frac{\sin^2\alpha + \cos^2\alpha}{\cos^2\alpha} = 1 + \tan^2\alpha.$$

根据"条段之理"[①],由

$$x^2 + y^2 = r^2,$$

有

$$\left(\frac{r}{x}\right)^2 = 1 + \left(\frac{y}{x}\right)^2,$$

上述结果由此"亦能明之"。若以 $\frac{\pi}{2} - \alpha$ 代其 α,则

$$\csc^2\alpha = 1 + \cot^2\alpha.$$

总之,若"六种比例数有任一种已知",则由"五个根本之式"必能求得其他 5 种。例如,"有某角,已知其正切之数,欲求其正弦、余弦",由

$$(1 + \tan^2\alpha)\cos^2\alpha = 1,$$

易得

$$\cos\alpha = \pm\frac{1}{\sqrt{1+\tan^2\alpha}}, \quad \sin\alpha = \pm\frac{\tan\alpha}{\sqrt{1+\tan^2\alpha}}.$$

式中"正负两号并用",因为有两个正弦、两个余弦"其数相等而号相反",它们"皆能与已知之正切相配"。

如果直线 AB 绕 A 点而成 $\angle BAC$,则"绕行之时,无论至何处,其所成之角各有比例线。故角之大于正角者,其比例线之方位,可与角之小于正角者相反"。方向相反之事,在几何中可用直角坐标系,在算术中可用正负二号。$-\alpha$ 与 α 的比例

---

① 这与"数理"观念相悖,恐怕不合底本原意,大概属于翻译问题。另外,华蘅芳的推导实际上与定义有关,而与"条段"无关。

线"各数相同,惟除余弦正割之外,其号皆相反"。$\pi-\alpha$ 与 α 的比例线"其数无异,惟除正弦余割之外,其号俱相反"。

几何中所论之角,俱小于两正角之和。惟三角法中论角之意,比古法更广。因三角之法可以角度之数明之者,并无限量,所以角亦可至甚何大。

设 $\beta = n\pi \pm \alpha$,若 n 为奇数,其"正弦余弦之数虽不变,而号之正负必变";若 n 为偶数,则其"正弦余弦大小、正负俱不变";无论 n 为奇数抑或偶数,其正切"大小正负俱不变"。

其化法必先将满三百六十度者去之,则正弦、余弦、正切皆不改变。若其角尚大于一百八十度者,则可以一百八十度减之,将其正弦、余弦之号反之,惟正切之号不变。若其角尚大于九十度,则必取其外角,而将其余弦与正切之号反之,惟正弦之号不变。其他比例数之正负,可用正弦、余弦、正切定之。

所以,β 的比例数均可化为 α 的比例数,反之亦然。事实上

$$\sin\alpha = \sin[n\pi + (-1)^n \alpha],$$
$$\cos\alpha = (-1)^n \cos(n\pi \pm \alpha),$$
$$\tan\alpha = \tan(n\pi + \alpha)。$$

由此可见,凡"有同用此比例数之角",其角"可多至无穷"。例如,$\sin\alpha$,其"相配之一切角"为

$$\beta_n = n\pi + (-1)^n \alpha,$$

其他比例数也类似。

《三角数理》卷一之末"附款"介绍了一种"公号之式",能显"任何线之方位与轴线所成之斜度"。本原单位根"任循环多次,其根之次第必依其原次第",故半径

$$R_k = R\theta^k = R\left(\cos\frac{2k\pi}{n} + i\sin\frac{2k\pi}{n}\right)$$

与原线相斜所成之角为 $\dfrac{2k\pi}{n}$($0 \leq k \leq n-1$)。所以,可用

$$R(\cos\alpha + i\sin\alpha)$$

代一直线,其长为 R,与轴线所成之角为 α。

卷一第二十六款列出 0,$\dfrac{\pi}{2}$,π,$\dfrac{3\pi}{2}$,2π 的各比例数,并探讨了值的"改变之法"。在 $(0, \dfrac{\pi}{2})$ 上,随着角度增大,正弦、正切与正割之数渐增,余弦、余切、余割

之数渐损,"其号俱为正"。在 $\left(\dfrac{\pi}{2},\pi\right)$ 上,绝对值的变化方向恰好相反,其号皆为负,惟正弦余割除外。$\left(\pi,\dfrac{3\pi}{2}\right)$ 上值的改变之法如在 $\left(0,\dfrac{\pi}{2}\right)$ 上,其号皆为负,惟正切、余切除外。在 $\left(\dfrac{3\pi}{2},2\pi\right)$ 上绝对值的变化方向则相反,其号皆为负,惟余弦、正割除外。

新概念有别于八线概念,其要点是角度与比例数取值的范围及其对应关系。任意角的比例数有一定的符号法则,八线变号曾经引起的问题,通过三角比例数的运用而得到解决。与割圆八线相比,三角比例数具有更加广泛的用途,"无论何种算学中皆可用",这是代数化的结果。

二、和较关系

和较关系多种多样,除了基本公式之外,它们都是代数的。基本公式虽有赖于几何直观,但却摆脱了割圆术。因此,证明大为简化。由于采用代数方法,它的"二角之限"得到完整的说明。由此引出的种种结果,充分表现了代数化的优势。

和较关系以两角和的正弦、余弦公式为基本。它们有赖于几何直观,但与割圆术无关。设

$$r_k = r\sin\left(\dfrac{k\pi}{2}-\beta\right),$$

若

$$x_k = r_k \sin\left(\dfrac{k\pi}{2}-\alpha\right),$$

$$y_k = (-1)^{k-1} r_k \cos\left(\dfrac{k\pi}{2}-\alpha\right),$$

则

$$x = x_1 \mp x_2 = r\cos(\alpha \pm \beta),$$
$$y = y_1 \pm y_2 = r\sin(\alpha \pm \beta),$$

故

$$\sin(\alpha \pm \beta) = \sin\alpha\cos\beta \pm \cos\alpha\sin\beta, \tag{1}$$
$$\cos(\alpha \pm \beta) = \cos\alpha\cos\beta \mp \sin\alpha\sin\beta。 \tag{2}$$

这比清初学者的证明简单得多,它们只用到相似勾股形的性质而与割圆术无关。

王锡阐尝为(1)与(2)中的"二角之限"作出几何说明,但是"角之和较,变态甚多。用图明之,不足以尽其变"。代数表明"无论角之大小、正负,无不可通"。

首先，如果 $\alpha \leqslant \beta$，则
$$\sin(\alpha - \beta) = -\sin(\beta - \alpha),$$
$$\cos(\alpha - \beta) = \cos(\beta - \alpha)。$$
因此，无论两角关系如何"其式必同"。如果
$$\alpha > 0, \quad \beta > 0, \quad \alpha + \beta < \frac{\pi}{2},$$
则"四式必为真"。

其次，若 $-\dfrac{\pi}{4} < \alpha < 0$，则
$$\sin(\alpha + \beta) = -\sin(-\alpha - \beta),$$
$$\cos(\alpha + \beta) = \cos(-\alpha - \beta),$$
但是右端在上述"两式所证之限内"。由此可知，较角公式可由和角公式导出，只需将 β 变号。

再次，若 $\alpha = \dfrac{\pi}{2} + \gamma$，$-\dfrac{\pi}{4} < \gamma < \dfrac{\pi}{4}$，则
$$\sin(\alpha + \beta) = \cos(\beta + \gamma),$$
$$\cos(\alpha + \beta) = -\sin(\beta + \gamma)。$$
但是 β 与 γ "两角必在其限内"，所以和角公式合于 $\alpha < \dfrac{3\pi}{4}$ 的"正号之角"，并且"若再以同法推之，其限可至任若干大"。另外，既然 $\alpha > -\dfrac{\pi}{4}$ 时和角公式为真，则 α 的"正号之限非不能小于四十五度"①，事实上其限可至任若干小。

最后，既然 α 可以任意推广，则 β 亦然，也即"二角之限可任意推广"。和角公式如此，较角公式亦然。

各种各样的和较关系皆从(1)、(2)"变化而成"，它们只需恒等变形，而与任何几何证据都不相干。令
$$\beta = \alpha,$$
可由和角公式得到倍角的正弦、余弦公式
$$\sin 2\alpha = 2\sin\alpha\cos\alpha,$$
$$\cos 2\alpha = \cos^2\alpha - \sin^2\alpha,$$
由此"可推得任几倍角之正弦、余弦"。

上述结果若以 $\sin\alpha$ 或 $\cos\alpha$ 表示，则有两个"同数"

---

① 原文如此，"正号"当为"负号"之误。

| 第三章　独立于几何学的结果 |

$$\sin 2\alpha = 2\sin\alpha\sqrt{1-\sin^2\alpha} = 2\cos\alpha\sqrt{1-\cos^2\alpha},$$
$$\cos 2\alpha = 1 - 2\sin^2\alpha = 2\cos^2\alpha - 1 。$$

由和角公式，令 $\beta = 2\alpha$ 即得

$$\sin 3\alpha = \sin\alpha\cos 2\alpha + \cos\alpha\sin 2\alpha,$$
$$\cos 3\alpha = \cos\alpha\cos 2\alpha - \sin\alpha\sin 2\alpha 。$$

若以 $\sin 2\alpha$，$\cos 2\alpha$ 的同数代入，并依

$$\sin^2\alpha + \cos^2\alpha = 1$$

化之，则有

$$\sin 3\alpha = 3\sin\alpha - 4\sin^3\alpha,$$
$$\cos 3\alpha = 4\cos^3\alpha - 3\cos\alpha 。$$

类似地，可得 4α，5α 以至 $n\alpha$ 之正弦、余弦，这可视为割圆连比例的代数解。代数另有解法更为简便，下节详细论之。

若将(1)、(2)引入基本关系，可得"和角、较角之正切"

$$\tan(\alpha \pm \beta) = \frac{\tan\alpha \pm \tan\beta}{1 \mp \tan\alpha\tan\beta},$$

进而可得"任几倍角之正切"。令 $\beta = \alpha$，则

$$\tan 2\alpha = \frac{2\tan\alpha}{1-\tan^2\alpha} 。$$

令 $\beta = 2\alpha$，则

$$\tan 3\alpha = \frac{\tan\alpha + \tan 2\alpha}{1 - \tan\alpha\tan 2\alpha} 。$$

由此可得以 $\tan\alpha$ 为主之式，只需代入 $\tan 2\alpha$ 的同数。以下可仿此类推。

由(1)、(2)，还可得到梅文鼎的"加减法"，无需任何几何证据，只需"将两式相加减"，即得

$$2\sin\alpha\cos\beta = \sin(\alpha+\beta) + \sin(\alpha-\beta),$$
$$2\cos\alpha\sin\beta = \sin(\alpha+\beta) - \sin(\alpha-\beta),$$
$$2\cos\alpha\cos\beta = \cos(\alpha-\beta) + \cos(\alpha+\beta),$$
$$2\sin\alpha\sin\beta = \cos(\alpha-\beta) - \cos(\alpha+\beta) 。$$

由

$$\alpha = \frac{\alpha+\beta}{2} + \frac{\alpha-\beta}{2}, \quad \beta = \frac{\alpha+\beta}{2} - \frac{\alpha-\beta}{2},$$

有

$$\sin\alpha + \sin\beta = 2\sin\frac{\alpha+\beta}{2}\cos\frac{\alpha-\beta}{2},$$

$$\sin\alpha - \sin\beta = 2\cos\frac{\alpha+\beta}{2}\sin\frac{\alpha-\beta}{2},$$

$$\cos\alpha + \cos\beta = 2\cos\frac{\alpha+\beta}{2}\cos\frac{\alpha-\beta}{2},$$

$$\cos\alpha - \cos\beta = -2\sin\frac{\alpha+\beta}{2}\sin\frac{\alpha-\beta}{2}。$$

由于"能将任何两角之正弦或任何两角之余弦相和、相较之数变为相乘之数",因此"为用最广","对数中"尤便于用"。

将它们"以约法变之"又可得到若干结果,例如,"任两角正弦之和与正弦之较之比若半和角之正切与半较角正切之比"

$$\frac{\sin\alpha+\sin\beta}{\sin\alpha-\sin\beta} = \frac{\tan\dfrac{\alpha+\beta}{2}}{\tan\dfrac{\alpha-\beta}{2}},$$

其"理尤奇"。同理可得

$$\frac{\sin\alpha \pm \sin\beta}{\cos\alpha + \cos\beta} = \tan\frac{\alpha \pm \beta}{2},$$

$$\frac{\sin\alpha \pm \sin\beta}{\cos\beta - \cos\alpha} = \cot\frac{\alpha \mp \beta}{2},$$

$$\frac{\cos\beta - \cos\alpha}{\cos\alpha + \cos\beta} = \tan\frac{\alpha+\beta}{2}\tan\frac{\alpha-\beta}{2},$$

其"用亦甚广"。

三角公式有时"难穷其源",需要证明,方法是将式之左右两边"各以一法变之"。例如,

$$\sin(\alpha+\beta)\sin(\alpha-\beta) = \sin^2\alpha - \sin^2\beta,$$

左右两端"各以同数代之"即得所求。又如,

$$\cos\alpha = \frac{1-\tan^2\dfrac{\alpha}{2}}{1+\tan^2\dfrac{\alpha}{2}}, \quad \sin\alpha = \frac{2\tan\dfrac{\alpha}{2}}{1+\tan^2\dfrac{\alpha}{2}},$$

由基本关系,右端"以同数代之",即得"相等之证"。如令

$$\alpha+\beta+\gamma = \pi,$$

则

$$\tan\alpha + \tan\beta + \tan\gamma = \tan\alpha\tan\beta\tan\gamma。$$

由此可见，有法能取三数，令"三数之和与其连乘之积相等"。以上各式皆从和角的正弦、余弦公式"变化而成"，故"皆可作公式之用"。

八线的和较关系依赖于割圆术的几何直观，因而它的发展相对缓慢。三角比例数的和较关系则有所不同，基本公式虽然有赖于几何直观，但却摆脱了割圆术。至于其他和较关系，则采用代数方法。由此加快了知识增长的速度，从而使得三角学臻于全面、系统。

三、边角关系

《三角数理》中的边角关系以正弦定理为基本，由此依次推出余弦定理、半角公式与正切定理。正弦定理仍有赖于几何直观，在此基础上的其他边角关系则是代数的。由于尽可能地采用了代数方法与符号，正弦定理表现为更一般的形式，边角关系由此更加系统化。

正弦定理虽有图解，却与割圆术不相干，从而简化了割圆八线的相关证明。设 a，b，c 为 $\triangle ABC$ 的三边，若"从 C 点作 CD 线与 BA 为垂线，或与 BA 引长之线为垂线"，则

$$b\sin A = CD = a\sin B,$$
$$c = a\cos B + b\cos A。$$

由此可得两个结果，一是正弦定理

$$\sin A : \sin B : \sin C = a : b : c,$$

二是余弦定理

$$a^2 = b^2 + c^2 - 2bc\cos A。$$

余弦定理"不藉几何原本之例"，亦"易从以上之式得之"。事实上

$$c^2 = (a\sin B - b\sin A)^2 + (a\cos B + b\cos A)^2$$
$$= a^2 + b^2 + 2ab(\cos A\cos B - \sin A\sin B)$$
$$= a^2 + b^2 + 2ab\cos(\pi - C)$$
$$= a^2 + b^2 - 2ab\cos C,$$

证明简便明快，只需恒等变形，无需几何证据。

凡三角形，任取一边为本边，其所对之角为本角，则本边之平方，恒等于余两边平方之和数内，减去本角余弦与余两边连乘积两倍之数。

所以，上述结果中 c，C 可与 a，A 或 b，B 对调。

由边的余弦定理可知：

凡三角形，任取一角为本角，则夹本角之边两平方之和，以对本角之边之平方减之，又以夹本角之两边相乘积之二倍约之，必得本角之余弦。
即
$$\cos C = \frac{a^2 + b^2 - c^2}{2ab},$$
其中c，C可与a，A或b，B对调。

三角形的代数解法简单而有效，因为"所知之三事中至少必有一为边"，所以只有4种情形。

一为已知其任两角，及对所知任一角之边。

二为已知其任两边，及对所知任一边之角。

三为已知其任两边，及两边所夹之角。

四为已知其三边。

第一种情形：已知A，a，B，求C，b，c。显然，
$$C = \pi - (A + B)。$$
由正弦定理，有
$$b = \frac{a \sin B}{\sin A}, \quad c = \frac{a \sin C}{\sin A}。$$
在B，b与C，c的置换下，其解保持不变。

第二种情形：已知a，b，A，求B，C，c。显然，
$$\sin B = \frac{b \sin A}{a}。$$
于是
$$C = \pi - (A + B), \quad c = \frac{a \sin C}{\sin A}。$$
其中A，B可以置换，只需对调a，b。如果
$$A < \frac{\pi}{2}, \quad a < b,$$
则有两个三角形$\triangle ABC$与$\triangle AB'C'$"俱合于题"。其中
$$B' = \pi - B, \quad C' = \pi - (A + B')。$$
书中给出了几何解释，但是也有代数说明。只有一个三角形的条件是$A > \frac{\pi}{2}$，或者
$A < \frac{\pi}{2}$，$a > b$。

第三章 独立于几何学的结果

第三种情形:已知 a,b,C,求 A,B,c。由

$$\frac{a+b}{a-b}=\frac{\tan\dfrac{A+B}{2}}{\tan\dfrac{A-B}{2}}=\frac{\cot\dfrac{C}{2}}{\tan\dfrac{A-B}{2}},$$

有

$$\tan\frac{A-B}{2}=\frac{a-b}{a+b}\cot\frac{C}{2}。$$

于是

$$A=\frac{A+B}{2}+\frac{A-B}{2},\quad B=\frac{A+B}{2}-\frac{A-B}{2},\quad c=\frac{b\sin C}{\sin B}。$$

如果径求 c 边,则有一法"最奇"。由

$$\cos^2\frac{C}{2}+\sin^2\frac{C}{2}=1,\quad \cos^2\frac{C}{2}-\sin^2\frac{C}{2}=\cos C,$$

有

$$c^2=(a^2+b^2)\left(\cos^2\frac{C}{2}+\sin^2\frac{C}{2}\right)-2ab\left(\cos^2\frac{C}{2}-\sin^2\frac{C}{2}\right)$$

$$=(a-b)^2\cos^2\frac{C}{2}+(a+b)^2\sin^2\frac{C}{2}$$

$$=(a+b)^2\sin^2\frac{C}{2}\left[1+\frac{(a-b)^2}{(a+b)^2}\cot^2\frac{C}{2}\right]。$$

因为"无论何数,必有某角之正切与之相等",所以可令

$$\tan\theta=\frac{a-b}{a+b}\cot\frac{C}{2}。$$

故

$$c^2=(a+b)^2\sin^2\frac{C}{2}(1+\tan^2\theta)$$

$$=(a+b)^2\sin^2\frac{C}{2}\sec^2\theta,$$

即

$$c=(a+b)\sin\frac{C}{2}\sec\theta。$$

第四种情形:已知 a,b,c,求 A,B,C。由

$$\cos A=\frac{b^2+c^2-a^2}{2bc},$$

即得 A，同理可得 B，C。上式"不便于用对数，故须更求其便于用对数之式，其法如下"。

若将 $\cos A$ 的同数代入半角的正弦公式，则有

$$2\sin^2\frac{A}{2} = 1 - \frac{b^2+c^2-a^2}{2bc}$$
$$= \frac{(a+b-c)(a-b+c)}{2bc}。$$

令 $2s = a+b+c$，则

$$\sin\frac{A}{2} = \sqrt{\frac{(s-b)(s-c)}{bc}},$$

故

$$\cos\frac{A}{2} = \sqrt{\frac{s(s-a)}{bc}}, \quad \tan\frac{A}{2} = \sqrt{\frac{(s-b)(s-c)}{s(s-a)}}。$$

由 $\sin\frac{A}{2}$ 与 $\cos\frac{A}{2}$ 的同数，可得"倍角之式"

$$\sin A = \frac{2\sqrt{s(s-a)(s-b)(s-c)}}{bc}。$$

因此，$\frac{\sin A}{a}$ 等类之式"无论于 a, b, c 三边内，任以何边为主俱可"。事实上，△ABC 的外圆半径为

$$R = \frac{abc}{4\sqrt{s(s-a)(s-b)(s-c)}},$$

即使"其 a, b, c 无论如何更换，得数必同"

$$\frac{\sin A}{a} = \frac{\sin B}{b} = \frac{\sin C}{c} = \frac{1}{2R}。$$

根据正弦定理与比例的性质易知

$$\frac{a+b}{a-b} = \frac{\sin A + \sin B}{\sin A - \sin B},$$

但

$$右端 = \frac{\tan\frac{A+B}{2}}{\tan\frac{A-B}{2}} = \frac{\tan\frac{\pi-C}{2}}{\tan\frac{A-B}{2}} = \frac{\cot\frac{C}{2}}{\tan\frac{A-B}{2}},$$

故

第三章 独立于几何学的结果

$$\tan\frac{A-B}{2}=\frac{a-b}{a+b}\cot\frac{C}{2},$$

是为《三角数理》卷四"第一百七款"。

边角关系的基本前提是"任两边之和必大于又一边",对此"亦可用其相等式证之",用反证法。若 $a+b<c$,则

$$s-b>0,\ s-c<0,$$

故 $\sin\frac{A}{2}$ "其数必为虚"。

同理可证,若

$$a+c<b,$$

则 $\sin\frac{A}{2}$ "必为虚"。若

$$b+c<a,$$

则 $\sin\frac{A}{2}>1$,这"不合于例"。

八线的边角关系依赖于几何直观,并有赖于割圆术,因而论证相对复杂。三角比例数则用代数方法,从而简化了八线的相关证明,三角学由此更加系统化。

第二节 三 角 数 理

代数化的途径是命题与证明,关键是形式定义,三角数理中"虚式之根号"尤其重要。[1]命题证明具有公理化特征,前提是自明的,而结论"几无遁形",只需形式推理。[2]

通过形式定义,棣美弗给出基本公式,它是三角学独立于几何学的关键。通过无穷级数的形式运算,欧拉给出更一般的形式,使之更加灵活易用。

一、棣美弗之例

命题: 对于任何有理数 n,均成立

$$(\cos x+i\sin x)^n=\cos nx+i\sin nx 。 \tag{3}$$

这是"算学士棣美弗所设之例"。式中 i 可变号,效果相当于 x 变号,它是形式地引入的。

令

$$s=\sin x,\ t=\cos x,$$

---

[1] 虚式之根号 $i=\sqrt{-1}$ 在考八线数理中实有大用处。[57]
[2] 所以其推算之初,所用之几何最简而设数亦不繁,只需如法入之而题理纤悉必见、几无遁形。[57]

则
$$\cos(n+1)x = t\cos nx - s\sin nx,$$
$$i\sin(n+1)x = is\cos nx + it\sin nx,$$

其中 i 为"泛数"。两式相加、相减，则
$$\cos(n+1)x \pm i\sin(n+1)x = (t \pm is)\cos nx \pm (t \mp \frac{s}{i})i\sin nx。$$

令 $i^2 = -1$，则 $i = -\frac{1}{i}$，故
$$\cos(n+1)x \pm i\sin(n+1)x = (t \pm is)(\cos nx \pm i\sin nx)。$$

于是，对于任何整数 k，都有
$$\cos kx \pm i\sin kx = (t \pm is)^k。$$

这相当于如下证明。

证明：令 $f(n) = \cos nx + i\sin nx$，则 $f(0) = 1$，故
$$f(n) = f(1)f(n-1) = f^n(1)。$$

这是《代数术》的证明，随后解释"其 n 无论为正数、为负数、为整数、为分数，其式无不合理"，并且说明"可用同法证其 n 如为虚数①，亦合于理"。

《三角数理》的证明不一样，推导方向与之相反。设指数 n 为正整数，由"代数之常理"有
$$(\cos x + i\sin x)(\cos y + i\sin y)$$
$$= \cos x\cos y - \sin x\sin y + i(\sin x\cos y + \cos x\sin y)$$
$$= \cos(x+y) + i\sin(x+y)。$$

由此可知，"相似之两式相乘，其积仍为相似之式，惟其角则为乘数之式中两角之和"。这个性质可推至 n 个乘数的情形，并且可令 $x = y = \cdots = z$，(3)的合理性由此得到说明。

若指数为负整数，则
$$(\cos x + i\sin x)^{-n} = \frac{1}{(\cos x + i\sin x)^n}$$
$$= \frac{(\cos nx - i\sin nx)(\cos nx + i\sin nx)}{\cos nx + i\sin nx}$$
$$= \cos(-n)x + i\sin(-n)x,$$

---

① "虚数"即"奇零不尽之数"[57]，不是虚数而是实数。

第三章 独立于几何学的结果

这是"本例能通于负指数之证"。

若指数为分数,则

$$\left(\cos\frac{m}{n}x + i\sin\frac{m}{n}x\right)^n = \cos mx + i\sin mx$$
$$= (\cos x + i\sin x)^m,$$

从而

$$(\cos x + i\sin x)^{\frac{m}{n}} = \cos\frac{m}{n}x + i\sin\frac{m}{n}x, \tag{4}$$

这是"本例能通于分指数之证"。

如果 $\cos\frac{m}{n}x_0 + i\sin\frac{m}{n}x_0$ 是(4)的一个同数,那么

$$\cos\frac{m}{n}x_k + i\sin\frac{m}{n}x_k$$

也是它的同数,其中

$$x_k = 2k\pi + x_0,$$

k 为整数。

命题:(4)有且仅有 n 个"不同之同数",它们分别对应于

$$k = 0, 1, 2, \cdots, n-1。$$

证明:如果存在 k_1,k_2 使得"两数相同",则

$$\frac{m}{n}(2k_1\pi + x) - \frac{m}{n}(2k_2\pi + x) = 2\pi\frac{m}{n}(k_1 - k_2),$$

其 $\frac{m}{n}(k_1 - k_2)$ 应为整数。但 $k_1 < n$,$k_2 < n$,而 $\frac{m}{n}$ 为既约的,所以"不能有此事"。

如令 $k = nl + k'$,$0 < k' < n$,l 为"任何正负之数",则

$$\cos[2ml\pi + \frac{m}{n}(2k'\pi + x)] + i\sin[2ml\pi + \frac{m}{n}(2k'\pi + x)]$$
$$= \cos\frac{m}{n}(2k'\pi + x) + i\sin\frac{m}{n}(2k'\pi + x)。$$

所以"若取 k 为 0 与 $n-1$ 以外之数,则不能更有新同数"。

由此可见,如果

$$nx = 2k\pi + \alpha, \quad 0 < \alpha < \pi,$$

则 x 有 n 个"不同之同数",它们"俱与 $\cos x + i\sin x$ 之同数不同,惟与 $\cos nx + i\sin nx$ 之同数皆同"。

由(4)可得 $\cos x + i\sin x$ 的 n 次方根

$$\sqrt[n]{\cos x + i\sin x} = \cos\frac{2k\pi + x}{n} + i\sin\frac{2k\pi + x}{n},$$

令 $x = 0$,则

$$\sqrt[n]{1} = \cos\frac{2k}{n}\pi + i\sin\frac{2k}{n}\pi 。$$

令 $x = \pi$,则

$$\sqrt[n]{-1} = \cos\frac{2k+1}{n}\pi + i\sin\frac{2k+1}{n}\pi 。$$

n 个"不同之同数"对应于 $k = 0, 1, 2, \cdots, n-1$。

由(4)亦能得 $\cos x + i\sin x$ 的 $m-1$ 乘方

$$(\cos x + i\sin x)^m = \cos m(2k\pi + x) + i\sin m(2k\pi + x) 。$$

令 $x = 0$,则

$$1^m = \cos 2km\pi + i\sin 2km\pi 。$$

令 $x = \pi$,则

$$(-1)^m = \cos(2k+1)m\pi + i\sin(2k+1)m\pi 。$$

若 m 为分数,分母为 p,则各同数对应于 $k = 0, 1, 2, \cdots, p-1$。

兹列"要说"如下:(4)式之意或为

$$\left(\sqrt[n]{\cos x + i\sin x}\right)^m = \left(\cos\frac{2k\pi + x}{n} + i\sin\frac{2k\pi + x}{n}\right)^m,$$

或为

$$\sqrt[n]{(\cos x + i\sin x)^m} = \sqrt[n]{\cos mx + i\sin mx},$$

此"两式之同数必无异"。由此引出命题:

$$\cos\frac{m}{n}(2k\pi + x) + i\sin\frac{m}{n}(2k\pi + x)$$

"无异"于

$$\cos\frac{2k\pi + mx}{n} + i\sin\frac{2k\pi + mx}{n} 。$$

证明:当 $k = 1, 2, \cdots, n-1$ 时,2π 的倍数必为

$$\frac{m}{n}, \frac{2m}{n}, \frac{3m}{n}, \cdots, \frac{(n-1)m}{n} 。$$

"若将各分数以分母度其分子,则其度余之各数,必不相同"。如果存在 p 与 q,使得 $\dfrac{pm}{n}$ 与 $\dfrac{qm}{n}$ 的余数相同,则 $\dfrac{m}{n}(p-q)$ "当为整数"。但

$$p<n,\quad q<n,$$

故"断无能为整数之理"。所以,余数必成级数:$1, 2, \ldots, n-1$。于是,除了 2π 的倍数之外,两式之同数必"无异"。

棣美弗之例建立在纯形式的定义之上,它源于三角比例数的独立性,结果使之获得了更大的独立性。在此基础上,欧拉通过形式运算得出"指数之式",使之更加灵活易用。

二、指数之式

几何直观无法解释"弦矢线联于圆中,于三角堆何与" [①] 的问题。棣美弗通过形式定义解决了这个问题,进而说明了大小弦矢的一般关系。欧拉更进一步把三角比例数与指数函数联系起来,从而使棣美弗公式更加灵活易用。

设 e 为"纳对之底",则

$$e^t = 1 + t + \frac{1}{2!}t^2 + \frac{1}{3!}t^3 + \cdots 。$$

如令 $t = \pm ix$,则

$$e^{ix} = 1 + ix - \frac{1}{2!}x^2 - \frac{i}{3!}x^3 + \cdots,$$

$$e^{-ix} = 1 - ix - \frac{1}{2!}x^2 + \frac{i}{3!}x^3 + \cdots 。$$

于是

$$e^{ix} + e^{-ix} = 2\left(1 - \frac{1}{2!}x^2 + \frac{1}{4!}x^4 - \cdots\right),$$

$$e^{ix} - e^{-ix} = 2i\left(x - \frac{1}{3!}x^3 + \frac{1}{5!}x^5 - \cdots\right)。$$

因为

$$\sin x = x - \frac{1}{3!}x^3 + \frac{1}{5!}x^5 - \cdots,$$

$$\cos x = 1 - \frac{1}{2!}x^2 + \frac{1}{4!}x^4 - \cdots,$$

所以

---

① 项名达"畜是疑有年"[7],但是问题无法完全解决,因为它取决于纯形式的定义。[59]

$$e^{ix} + e^{-ix} = 2\cos x, \quad (5)$$

$$e^{ix} - e^{-ix} = 2i\sin x。 \quad (6)$$

由此"以约法得"

$$i\tan x = \frac{e^{ix} - e^{-ix}}{e^{ix} + e^{-ix}} = \frac{e^{2ix} - 1}{e^{2ix} + 1}, \quad (7)$$

"加减与二约"则有

$$e^{ix} = \cos x + i\sin x, \quad (8)$$

$$e^{-ix} = \cos x - i\sin x。 \quad (9)$$

正弦与余弦的"指数之式"是由无穷级数的形式运算导入的，这不同于"代数之常理"，表现出 18 世纪欧洲典型的形式主义风格。与其二项式形式相比，指数形式更为一般。例如，"任何正负号之一自乘寅次之数"，其"指数之式"为

$$1^m = e^{2km\pi i}, \quad (-1)^m = e^{(2k+1)m\pi i}。$$

(8)为"至要之式"，人称欧拉公式。它有若干推论，(9)式"易明其从(8)式而出，只需改其 x 之正负而已"。(5)和(6)乃至棣美弗之例，均可视为出自(8)，只需代入同数而已。不仅如此，它还说明了其他一些结果。

令 $t = e^{ix}$，则

$$2\cos nx = t^n + \frac{1}{t^n}, \quad 2i\sin nx = t^n - \frac{1}{t^n},$$

故

$$(2\cos x)^n = \left(t + \frac{1}{t}\right)^n = t^n + nt^{n-2} + \frac{n(n-1)}{2!}t^{n-4} + \cdots$$

$$= (t^n + \frac{1}{t^n}) + n\left(t^{n-2} + \frac{1}{t^{n-2}}\right) + \frac{n(n-1)}{2!}\left(t^{n-4} + \frac{1}{t^{n-4}}\right) + \cdots$$

$$= 2\left[\cos nx + n\cos(n-2)x + \frac{n(n-1)}{2!}\cos(n-4)x + \cdots\right],$$

于是

$$2^{n-1}\cos^n x = \cos nx + n\cos(n-2)x + \frac{n(n-1)}{2!}\cos(n-4)x + \cdots。$$

如果 n 为偶数，则级数中"必有一独项为等距首末之项，所以不可倍之"。如果 n 为奇数，则级数中"负弧余弦之数，必等于正弧余弦之数"[57]。同理可得相应的正弦的级数，但"有一更便之法"，由余弦的级数直接导出，只需令 $x' = \frac{\pi}{2} - x$。

第三章 独立于几何学的结果

若"以正切为主而明角之真弧度",由

$$e^{2ix} = \frac{e^{ix}}{e^{-ix}} = \frac{\cos x + i\sin x}{\cos x - i\sin x} = \frac{1+i\tan x}{1-i\tan x},$$

有

$$2ix = \ln\frac{1+i\tan x}{1-i\tan x} = 2[i\tan x + \frac{1}{3}(i\tan x)^3 + \frac{1}{5}(i\tan x)^5 + \cdots]。$$

于是

$$x = \tan x - \frac{1}{3}\tan^3 x + \frac{1}{5}\tan^5 x - \cdots, \tag{10}$$

是为"古累固里所设之级数"。据此可得

$$\frac{\pi}{4} = \alpha + \beta = a + b - \frac{1}{3}(a^3 + b^3) + \frac{1}{5}(a^5 + b^5) - \cdots。$$

这里 $a = \tan\alpha$,$b = \tan\beta$,$\alpha > 0$,$\beta > 0$。

设 $\sin\beta = k\sin(\alpha+\beta)$,则 β 可以 k 的"各方增大之级"表出。由欧拉公式有

$$\frac{1}{2i}(e^{i\beta} - e^{-i\beta}) = \frac{k}{2i}[e^{i(\alpha+\beta)} - e^{-i(\alpha+\beta)}],$$

故 $e^{2i\beta} = \dfrac{1-ke^{-i\alpha}}{1-ke^{i\alpha}}$,即

$$2i\beta = \ln(1-ke^{-i\alpha}) - \ln(1-ke^{i\alpha}),$$

展开并整理即得

$$\beta = k\sin\alpha + \frac{1}{2}k^2\sin 2\alpha + \frac{1}{3}k^3\sin 3\alpha + \cdots。$$

由此可求 β,如果 $k < 1$。

若 α 与 β 为三角形两边 a 与 b 的对角,则

$$c\sin\beta = b\sin(\alpha+\beta)。$$

令 $k = \dfrac{b}{c}$,则

$$\tan\beta = \frac{k\sin\alpha}{1-k\cos\alpha},$$

或

$$\tan(\beta + \frac{\alpha}{2}) = \frac{1+k}{1-k}\tan\frac{\alpha}{2}。$$

因此,"以上之级数,必从上两个相等式之任一式而出",这里的相等式不是等式,而是等价关系。

在某些情况下,正弦、余弦代之以"指数之同数",可以求得级数之和。例如,
$$s = x\sin\alpha + x^2\sin 2\alpha + x^3\sin 3\alpha + \cdots,$$
令 $t = e^{i\alpha}$,则
$$2\cos n\alpha = t^n + \frac{1}{t^n}, \quad 2i\sin n\alpha = t^n - \frac{1}{t^n},$$
即
$$2is = x\left(t - \frac{1}{t}\right) + x^2\left(t^2 - \frac{1}{t^2}\right) + x^3\left(t^3 - \frac{1}{t^3}\right) + \cdots$$
$$= xt + x^2t^2 + x^3t^3 + \cdots - \left(\frac{x}{t} + \frac{x^2}{t^2} + \frac{x^3}{t^3} + \cdots\right)$$
$$= \frac{xt}{1-xt} - \frac{xt^{-1}}{1-xt^{-1}} = \frac{xt - xt^{-1}}{1-x(t+t^{-1}) + x^2}$$
$$= \frac{2xi\sin\alpha}{1-2x\cos\alpha + x^2},$$
故
$$s = \frac{x\sin\alpha}{1-2x\cos\alpha + x^2}。$$

此外,欧拉公式还有许多其他应用,后续章节还要论及。

代数方法的优点是"不必深求其理",却能"从最浅之理,专藉代数之各种变法,以穷究其情状",即可以逻辑地得出给定前提的种种结论。

三、各理设题

《三角数理》卷七为"三角形各理设题",探讨了比例数的种种性质。不同于割圆八线,这里所有结果都是代数的。兹举数例,说明比例数区别于八线的一些特点。

三角数理以和较关系为基础,所以"各理设题"中近半数与之有关。例如,
$$\tan(\alpha+\beta) = \frac{\sin^2\alpha - \sin^2\beta}{\sin\alpha\cos\alpha - \sin\beta\cos\beta},$$
是因
$$右端 = \frac{2\sin^2\alpha - 2\sin^2\beta}{\sin 2\alpha - \sin 2\beta} = \frac{\cos 2\beta - \cos 2\alpha}{\sin 2\alpha - \sin 2\beta}$$

| 第三章　独立于几何学的结果 |

$$= \frac{2\sin(\alpha+\beta)\sin(\alpha-\beta)}{2\cos(\alpha+\beta)\sin(\alpha-\beta)} = \tan(\alpha+\beta)。$$

在三角数理中，往往通过变量替换，确立比例数的恒等式。例如，设

$$b = a\cos x + \cos^3 x, \quad c = a\sin x + \sin^3 x,$$

则

$$\sin 2x = 2\sqrt{\frac{(1+a)^2 - b^2 - c^2}{4a+3}}。$$

证明：由

$$b + c = (\cos x + \sin x)(1 + a - \cos x \sin x),$$

有

$$4(b+c)^2 = (1+\sin 2x)(2+2a-\sin 2x)^2$$
$$= 4(1+a)^2 + 4a(1+a)\sin 2x - (4a+3)\sin^2 2x + \sin^3 2x。$$

但

$$4a(1+a)\sin 2x + \sin^3 2x = 8bc,$$

故

$$4(1+a)^2 - (4a+3)\sin^2 2x = 4(b^2 + c^2)。$$

有时，在基本关系与和较关系的基础上，要综合运用各种恒等变形方法。例如，设

$$\sin^3 x = \sin(\alpha-x)\sin(\beta-x)\sin(\gamma-x),$$

若 $\alpha + \beta + \gamma = \pi$，则

$$\cot x = \cot\alpha + \cot\beta + \cot\gamma,$$
$$\csc^2 x = \csc^2\alpha + \csc^2\beta + \csc^2\gamma。$$

证明：因

$$\csc\alpha\csc\beta\csc\gamma = \frac{\sin(\alpha-x)}{\sin\alpha\sin x} \times \frac{\sin(\beta-x)}{\sin\beta\sin x} \times \frac{\sin(\gamma-x)}{\sin\gamma\sin x}$$
$$= (\cot x - \cot\alpha)(\cot x - \cot\beta)(\cot x - \cot\gamma),$$

故

$$\cot^3 x - (\cot\alpha + \cot\beta + \cot\gamma)\cot^2 x$$
$$+ (\cot\alpha\cot\beta + \cot\alpha\cot\gamma + \cot\beta\cot\gamma)\cot x$$
$$- (\cot\alpha\cot\beta\cot\gamma + \csc\alpha\csc\beta\csc\gamma) = 0。$$

但

· 113 ·

$$\cot\alpha\cot\beta + \cot\alpha\cot\gamma + \cot\beta\cot\gamma = 1,$$
$$\cot\alpha\cot\beta\cot\gamma + \csc\alpha\csc\beta\csc\gamma = \cot\alpha + \cot\beta + \cot\gamma,$$

故

$$\cot^3 x - (\cot\alpha + \cot\beta + \cot\gamma)(1 + \cot^2 x) + \cot x = 0,$$

即

$$(\cot x - \cot\alpha + \cot\beta + \cot\gamma)(1 + \cot^2 x) = 0 \text{。}$$

消去因式 $(1 + \cot^2 x)$ 即得 $\cot x$, 所以

$$\cot^2 x = \cot^2\alpha + \cot^2\beta + \cot^2\gamma + 2,$$

而

$$\csc^2 x = \cot^2 x + 1 \text{。}$$

三角方程不同于八线关系, 新方法导致新结果。例如,

$$\sin^2 2\alpha - \sin^2\alpha = \frac{1}{4},$$

求 α 的同数。令 $x = \sin\alpha$, 则

$$\left(2x\sqrt{1-x^2}\right)^2 - x^2 = \frac{1}{4},$$

即

$$(4x^2 + 2x - 1)(4x^2 - 2x - 1) = 0 \text{。}$$

故

$$x = \pm\frac{1}{4}(\sqrt{5}-1), \quad x = \pm\frac{1}{4}(\sqrt{5}+1) \text{。}$$

所以

$$\sin\alpha = \sin\left(\pm\frac{\pi}{10}\right), \quad \sin\alpha = \sin\left(\pm\frac{3\pi}{10}\right),$$

由此求得

$$\alpha = n\pi \pm \frac{\pi}{10}, \quad \alpha = n\pi \pm \frac{3\pi}{10} \text{。}$$

合二为一, 则

$$\alpha = (n \pm \frac{1}{5} \pm \frac{1}{10})\pi,$$

其中 n 为"任何整数, 或正或负俱可"。

| 第三章 独立于几何学的结果 |

又如，以 $\sin 4\alpha$ 表出 $\tan\alpha$，并求其同数。令
$$\tan\alpha = f(\sin 4\alpha),$$
则
$$\tan\left[\frac{1}{4}n\pi + (-1)^n\alpha\right] = f[\sin(n\pi + (-1)^n 4\alpha)]。$$
式中 n 必为整数 $4k$，$4k+1$，$4k+2$，$4k+3$ 四者之一，故上式只有 4 个同数
$$\tan\alpha,\ \tan\left(\frac{\pi}{4}-\alpha\right),\ \tan\left(\frac{\pi}{2}+\alpha\right),\ \tan\left(\frac{3\pi}{4}-\alpha\right)。$$
令
$$\frac{1}{\alpha} = \sin 4\alpha = 2\sin 2\alpha \cos 2\alpha$$
$$= 2\frac{2\tan\alpha}{1+\tan^2\alpha} \times \frac{1-\tan^2\alpha}{1+\tan^2\alpha},$$
并令 $x = \tan\alpha$，则
$$(x^2+1)^2 + 4\alpha x(x^2-1) = 0,$$
即
$$\left(x-\frac{1}{x}\right)^2 + 4\alpha\left(x-\frac{1}{x}\right) + 4\alpha^2 = 4(\alpha^2-1)。$$
故
$$x - \frac{1}{x} + 2\alpha = \pm 2\sqrt{\alpha^2-1},$$
而
$$\tan\alpha = (\sqrt{\alpha+1} - \sqrt{\alpha})(-\sqrt{\alpha-1}+\sqrt{\alpha})$$
$$= \frac{(\sqrt{1+\sin 4\alpha}-1)(-\sqrt{1-\sin 4\alpha}+1)}{\sin 4\alpha}。$$

数理可以造表，如 $x = \dfrac{\pi}{17}$，求 $\cos x$ 的同数。令
$$a = \cos 3x + \cos 5x + \cos 7x + \cos 11x,$$
$$b = \cos x + \cos 9x + \cos 13x + \cos 15x,$$
则 $a+b = \dfrac{1}{2}$，而
$$ab = 2(\cos 2x + \cos 4x + \cdots + \cos 16x)$$
$$= -2(\cos 15x + \cos 13x + \cdots + \cos x) = -1。$$

· 115 ·

再令
$$c = \cos 3x + \cos 5x, \quad d = \cos 7x + \cos 11x,$$
$$e = \cos x + \cos 13x, \quad f = \cos 9x + \cos 15x,$$
则
$$c + d = a, \quad e + f = b, \quad cd = ef = -\frac{1}{4},$$
故 c 与 e "亦为已知之数"。因为
$$\cos x \cos 13x = \frac{1}{2}(\cos 12x + \cos 14x)$$
$$= -\frac{1}{2}(\cos 5x + \cos 3x) = -\frac{1}{2}c,$$
所以，求 $\cos x$ 之同数"只需解其二次方程即可"。

各理设题不涉及边角关系，几乎没有应用题。《三角数理》卷八则为应用问题集，涉及边角关系的应用。例如，$\triangle ABC$ 的二角 A，B 已知，又知其周长
$$2s = a + b + c,$$
求 c 边。其解由
$$\frac{s-c}{s} = \tan\frac{A}{2}\tan\frac{B}{2},$$
给出
$$c = s\left(1 - \tan\frac{A}{2}\tan\frac{B}{2}\right)。$$

卷八涉及三角级数的和，用到欧拉公式，例如，
$$1 + a\cos x + \frac{a^2}{2!}\cos 2x + \frac{a^3}{3!}\cos 3x + \cdots。$$
令 s 为和，$t = e^{ix}$，则
$$2s = 2 + a\left(t + \frac{1}{t}\right) + \frac{a^2}{2!}\left(t^2 + \frac{1}{t^2}\right) + \cdots = e^{at} + e^{\frac{a}{t}} = e^{a(\cos x + i\sin x)} + e^{a(\cos x - i\sin x)}$$
$$= 2e^{a\cos x}\cos(a\sin x),$$
故
$$s = e^{a\cos x}\cos(a\sin x)。$$
同理可得
$$a\sin x + \frac{a^2}{2!}\sin 2x + \frac{a^3}{3!}\sin 3x + \cdots = e^{a\cos x}\sin(a\sin x)。$$

此外，比例数还有许多其他应用，兹不赘述。

三角数理表明，三角知识虽然可以有几何的解释，但是并不依赖于这样的解释。相比之下，数理结果丰富多彩。其中有些结果，对割圆八线来说，是很难想象的。几何方法"窒碍之事极多"，三角数理相对简单，因为代数"不必深求其理"。清末学者乐于接受代数结果及其"各种变法"，因为它们省工省力，其高效性毋庸置疑。但是出于安全性的考虑，他们对形式推理持有保留态度。

第三节 三 角 级 数

中算家的割圆连比例解取决于几何方法，因而"窒碍之事极多"，代数为此提供了简单的方法。比例数的互求关系有赖于二项式，通过变量替换，又可得其别式。三角数理涉及"尤拉之法"与"函数之法"。形式主义引出三角级数论，三角学由此走向函数论。

一、比例数的互求关系

不同于八线的互求关系，比例数的互求关系"专藉代数之各种变法"，彻底摆脱了几何直观。割圆连比例解的等价形式由多角和的比例数确定，也可由棣美弗公式直接求得，并可化为割圆连比例解的固有形式，只需恒等变形。

设 $\alpha = x + y + \cdots + z$ 为 n 角之和，若 s_k 为 k 个分角正切相乘之和，则
$$\begin{aligned}
\cos\alpha + i\sin\alpha &= \cos(x+y+\cdots+z) + i\sin(x+y+\cdots+z) \\
&= (\cos x + i\sin x)(\cos y + i\sin y)\cdots(\cos z + i\sin z) \\
&= \cos x \cos y \cdots \cos z(1+i\tan x)(1+i\tan y)\cdots(1+i\tan z) \\
&= \cos x \cos y \cdots \cos z[1 + is_1 - s_2 - is_3 + \cdots + i^n s_n] \\
&= \cos x \cos y \cdots \cos z[(1-s_2+\cdots) + i(s_1-s_3+\cdots)],
\end{aligned}$$
故
$$\tan\alpha = \frac{s_1 - s_3 + s_5 - \cdots}{1 - s_2 + s_4 - \cdots}。$$

不难发现，"如将级数中所有括弧内之各项以括弧外之各项乘数乘之"，则式中只有分角正弦与余弦。令
$$x = y = \cdots = z,$$
即得"任倍角 nx 之正弦、余弦、正切之式"。不过，它们也可由棣美弗公式"径求得之"。

事实上，由

$$(\cos x + i\sin x)^n = \cos^n x + ni\cos^{n-1} x \sin x - \frac{n(n-1)}{2!}\cos^{n-2} x \sin^2 x + \cdots$$
$$= \cos^n x - \frac{n(n-1)}{2!}\cos^{n-2} x \sin^2 x + \cdots + i(n\cos^{n-1} x \sin x - \cdots)$$
$$= \cos nx + i\sin nx,$$

有

$$\cos nx = \cos^n x - \frac{n(n-1)}{2!}\cos^{n-2} x \sin^2 x + \cdots, \tag{11}$$

$$\sin nx = n\cos^{n-1} x \sin x - \frac{n(n-1)(n-2)}{3!}\cos^{n-3} x \sin^3 x + \cdots。\tag{12}$$

(11)、(12)等价于割圆连比例解[①]，它们可化为割圆连比例解的固有形式。事实上，两式"能变化之，使其式内但有正弦，或但有余弦"。令 $n = 2k$，则

$$\cos^n x = (1 - \sin^2 x)^k。$$

考虑 $(1+x)^n = \sum_{k=0}^{n} C_n^k x^k$，由

$$\sum_{l=0}^{m+n} C_{m+n}^l x^l = (1+x)^{m+n}$$
$$= \left(\sum_{k=0}^{m} C_m^k x^k\right)\left(\sum_{k=0}^{n} C_n^k x^k\right)$$
$$= \sum_{l=0}^{m+n}\left(\sum_{k=0}^{l} C_m^k C_n^{l-k}\right) x^l,$$

有 $C_{m+n}^l = \sum_{k=0}^{l} C_m^k C_n^{l-k}$，故

$$\cos nx = (1-\sin^2 x)^k - \frac{n(n-1)}{2!}(1-\sin^2 x)^{k-1}\sin^2 x + \cdots$$
$$= 1 - nC_k^1 \sin^2 x + \frac{n(n-2)}{1\cdot 3}C_{k+1}^2 \sin^4 x - \cdots$$
$$= 1 - \frac{n^2}{2!}\sin^2 x + \frac{n^2(n^2-2^2)}{4!}\sin^4 x - \cdots$$

同理可得

[①] 此为一千七百〇一年间，卜奴里所设之式，惟其本书中未有证法。所可异者，卜奴里推得此两式而未知有棣美弗之两式。迨二十年之后，棣美弗始用卜奴里之式推得之。[57]

· 118 ·

$$\sin nx = n\cos x\left[\sin x - \frac{n^2-2^2}{3!}\sin^3 x + \frac{(n^2-2^2)(n^2-4^2)}{5!}\sin^5 x - \cdots\right]。$$

若 n 为奇数，则

$$\cos nx = \cos x\left[1 - \frac{n^2-1^2}{2!}\sin^2 x + \frac{(n^2-1^2)(n^2-3^2)}{4!}\sin^4 x - \cdots\right],$$

$$\sin nx = n\sin x\left[1 - \frac{n^2-1^2}{3!}\sin^2 x + \frac{(n^2-1^2)(n^2-3^2)}{5!}\sin^4 x - \cdots\right]。$$

以上 4 式说明了中算家的割圆连比例解，清代好几位学者耗尽毕生才华所得结果，这里得之顷刻。代数方法之灵活何止于此，只需变量替换，又可得其别式。比如，x 代之以余角可得另一种等价形式，它们"俱以 $\cos x$ 之各方为级数"。

$\cos nx$ 还可用下法表为 $\cos x$ 的"敛级数"。令

$$s = t + \frac{1}{t},$$

则对任何 r，有

$$1 - r(s-r) = 1 - sr + r^2 = (1-rt)\left(1 - \frac{r}{t}\right)。$$

两端取其"纳对"，则

$$\frac{r^n}{n}(s-r)^n + \frac{r^{n-1}}{n-1}(s-r)^{n-1} + \cdots = \frac{r^n}{n}\left(t^n + \frac{1}{t^n}\right) + \cdots。$$

消去 r^n 及其"递损一方之倍数"，则

$$\sum_{k\geq 0}\frac{(-1)^k}{n-k}\frac{(n-k)\cdots(n-2k+1)}{k!}s^{n-2k} = \frac{1}{n}\left(t^n + \frac{1}{t^n}\right)。$$

如令 $t = e^{ix}$，则 $(2\cos x)^n = s^n$，故

$$2\cos nx = t^n + \frac{1}{t^n} = \sum_{k\geq 0}(-1)^k\frac{n(n-k-1)\cdots(n-2k+1)}{k!}(2\cos x)^{n-2k}。$$

倍角正切与本角正切的关系可由和角的正切公式导出。由

$$\tan(\alpha + \beta) = \frac{\tan\alpha + \tan\beta}{1 - \tan\alpha\tan\beta},$$

令 $\beta = n\alpha$，可得

$$\tan(n+1)\alpha = \frac{\tan\alpha + \tan n\alpha}{1 - \tan\alpha\tan n\alpha}。$$

令 $x = \tan\alpha$，则

$$\tan 2\alpha = \frac{2x}{1-x^2}, \quad \tan 3\alpha = \frac{3x-x^3}{1-3x^2},$$

$$\tan 4\alpha = \frac{4x-4x^3}{1-6x^2+x^4}, \cdots$$

由此归纳出

$$\tan n\alpha = \frac{C_n^1 x - C_n^3 x^3 + C_n^5 x^5 - \cdots}{C_n^0 - C_n^2 x^2 + C_n^4 x^4 - \cdots}。$$

这是"一千七百二十二年间，卜奴里所设之式"。

上述为《代数术》的解释，《三角数理》不用归纳法，更为简便、明快。由(11)和(12)，有

$$\sin nx = (\cos x)^n (C_n^1 \tan x - C_n^3 \tan^3 + \cdots),$$
$$\cos nx = (\cos x)^n (C_n^0 - C_n^2 \tan^2 x + \cdots)。$$

由此即得上述结果，只需"以下式约上式"。中算家也有类似的关系，也用代数方法，但是论证形式与结果却不一样。

二、尤拉之法与反函数

三角数理涉及少量分析的结果，譬如，尤拉之法、函数之法与反函数之法。尤拉之法给出比例数与角度的关系，反函数法给出它们的逆关系。后者不同于中算家的相关结果，具备一些"有用"的性质。

《三角数理》给出比例数的重要极限。设 $0 < x < \frac{\pi}{2}$，则

$$\sin x < x < \tan x。$$

由此

$$1 < \frac{x}{\sin \alpha} < \frac{1}{\cos x} \to 1(x \to 0),$$

因而

$$\lim_{x \to \infty} \frac{\sin x}{x} = 1。$$

由于

$$\sin x = 2\sin\frac{x}{2}\cos\frac{x}{2} = 2\tan\frac{x}{2}\cos^2\frac{x}{2}$$
$$= 2\tan\frac{x}{2}\left(1-\sin^2\frac{x}{2}\right) > x\left(1-\frac{1}{4}x^2\right),$$

第三章 独立于几何学的结果

因此
$$x - \frac{1}{4}x^3 < \sin x,$$
这对"推算略数之差有大用"。

尤拉之法取决于无穷小分析，与中算家的无穷小分析并无实质的不同，惟表现形式较为灵活。依尤拉之法，令 $\alpha = nx$，则

$$\cos\alpha = \cos^n x - \frac{\alpha(\alpha-x)}{2!}\cos^{n-2} x \left(\frac{\sin x}{x}\right)^2 + \cdots,$$

$$\sin\alpha = \alpha\cos^{n-1} x \left(\frac{\sin x}{x}\right) -$$

$$\frac{\alpha(\alpha-x)(\alpha-2x)}{3!}\cos^{n-3} x \left(\frac{\sin x}{x}\right)^3 + \cdots$$

因 $x \to 0(n \to \infty)$，而

$$\cos x \to 1(x \to 0), \quad \frac{\sin x}{x} \to 1(x \to 0),$$

故

$$\cos\alpha = 1 - \frac{1}{2!}\alpha^2 + \frac{1}{4!}\alpha^4 - \cdots,$$

$$\sin\alpha = \alpha - \frac{1}{3!}\alpha^3 + \frac{1}{5!}\alpha^5 - \cdots。$$

无论"α 之同数"如何，两式"恒能为敛级数"，因而

$$\tan\alpha = \alpha + \frac{1}{3}\alpha^3 + \frac{2}{3\cdot 5}\alpha^5 + \cdots。$$

以上三式可依"常理"取其倒数，正割、余割及余切的幂级数由此确定。

反函数之法不同于中算家的方法，中算家的方法是代数的，而反函数法是分析的。比例数与角度的对应关系表明，比例数具有"回环"的性质，不同于"角之度数渐渐增大者"。比例数与角度的变量关系"与已知其角者大不相同"。对于某个定角，只有一个比例数与之对应。对某个比例数，则有无穷多角与之对应。例如，记正弦或余弦为 x，则其本角可用

$$\sin^{-1} x, \quad \cos^{-1} x$$

表示。它们被称为"角式之反函数"，这是因为有人称比例数为"三角比例正函数"。

　　如有数为天，任用何法变之。其变之之法若以函数名之，则其所变得
之数，可用函(天)纪之。

再将函(天)变之，其变之之法与变天为函(天)之法无异，则其变得之数为函[函(天)]。……

函$^{-1}$(天)之意，即将天用法变之，而其法为函，则所得之天，与以函变之者相反，故函$^{-1}$(天)为函(天)之反函数。[58]

如果有某数 x "任用何法变之"，则其变法可称为"函数"，其"变得之数"可表示为 $f(x)$。由于

$$f[f^{-1}(x)] = f^0(x) = x,$$

因此，"$f^{-1}(x)$ 为 $f(x)$ 之反函数"。反函数"常以所配最小之角度为其同数"，但是除此同数之外，"尚有多同数"。设 θ 为

$$\sin\alpha = x, \quad \cos\alpha = x, \quad \tan\alpha = x$$

的最小正角，则其反函数为

$$\alpha = \sin^{-1} x = n\pi + (-1)^n \theta,$$
$$\alpha = \cos^{-1} x = 2n\pi \pm \theta,$$
$$\alpha = \tan^{-1} x = n\pi + \theta。$$

由反函数法可得"有用之式"。令

$$x = \tan\alpha, \quad y = \tan\beta,$$

则

$$\tan(\alpha \pm \beta) = \frac{\tan\alpha \pm \tan\beta}{1 \mp \tan\alpha\tan\beta} = \frac{x \pm y}{1 \mp xy},$$

故

$$\tan^{-1} x \pm \tan^{-1} y = \alpha \pm \beta = \tan^{-1}\frac{x \pm y}{1 \mp xy}。$$

同理

$$\sin^{-1} x \pm \sin^{-1} y = \sin^{-1}(x\sqrt{1-y^2} \pm y\sqrt{1-x^2}),$$
$$\cos^{-1} x \pm \cos^{-1} y = \cos^{-1}(xy \mp \sqrt{1-x^2}\sqrt{1-y^2})。$$

"各理设题"用到这些性质，例如

$$\tan^{-1}\frac{k_1 - k_2}{1 + k_1 k_2} + \cdots + \tan^{-1}\frac{k_{n-1} - k_n}{1 + k_{n-1} k_n}$$
$$= \tan^{-1} k_1 - \tan^{-1} k_n,$$

是因为对任 $n > 1$ 的整数都有

$$\tan^{-1} k_{n-1} - \tan^{-1} k_n = \tan^{-1} \frac{k_{n-1} - k_n}{1 + k_{n-1}k_n}。$$

又如，令 $x = \tan^{-1}\sqrt{\dfrac{t}{a}}$，则

$$\sin x = \frac{\tan x}{\sqrt{1 + \tan^2 x}} = \sqrt{\frac{t}{a+t}},$$

故

$$\sin^{-1}\sqrt{\frac{t}{a+t}} = \tan^{-1}\sqrt{\frac{t}{a}}。$$

反函数可用于级数求和，例如，

$$s = a\sin\alpha + \frac{a^2}{2}\sin 2\alpha + \frac{a^3}{3}\sin 3\alpha + \cdots, \tag{13}$$

令

$$t = \cos\alpha + i\sin\alpha,$$

则

$$2is = a(t - \frac{1}{t}) - \frac{a^2}{2}(t^2 - \frac{1}{t^2}) + \cdots = \ln\frac{1+at}{1+at^{-1}}。$$

但

$$i\tan s = \frac{e^{2is} - 1}{e^{2is} + 1} = \frac{a(t - \frac{1}{t})}{2 + a(t + \frac{1}{t})} = \frac{2ai\sin\alpha}{2 + 2a\cos\alpha},$$

故

$$\tan s = \frac{a\sin\alpha}{1 + a\cos\alpha}, \quad s = \tan^{-1}\frac{a\sin\alpha}{1 + a\cos\alpha}。$$

《三角数理》将变量区别于定量，引进三角函数与反三角函数的概念，说明了"有用"的恒等式。中算家曾以明安图变换确立弧背与八线的关系，涉及反三角函数，然而他们并未从中抽出这样的概念。分析的概念引出反函数之法，事实表明，它有广阔的应用前景。

三、某些三角级数的和

割圆连比例法是以本弧通弦表达全弧弦矢，并不关注本弧弦矢与倍弧弦矢的级数关系，但在"算学之深处"却需要这种关系。它们是代数的或者是分析的，无需几何证据。代数用到欧拉公式与和较关系，分析用到极限方法与反函数法。

本角正弦、余弦与倍角正弦、余弦的关系，可由欧拉公式确立。令 $t = e^{ix}$，则

$$2^{n-1}\cos^n x = \frac{1}{2}\left(t + \frac{1}{t}\right)^n = \frac{1}{2}\sum_{k \geq 0} C_n^k \left(t^{n-2k} + \frac{1}{t^{n-2k}}\right)$$

$$= \cos nx + n\cos(n-2)x + \frac{n(n-1)}{2!}\cos(n-4)x + \cdots。$$

同理可得

$$(-1)^{\frac{n}{2}} 2^{n-1} \sin^n x = \cos nx - n\cos(n-2)x + \cdots，若 n 为偶数，$$

$$(-1)^{\frac{n-2}{2}} 2^{n-1} \sin^n x = \sin nx - n\sin(n-2)x + \cdots，若 n 为奇数。$$

有些三角级数的和可由比例数的和较关系确定。比如，由

$$\cos[\alpha + (2n-1)\beta] - \cos[\alpha + (2n+1)\beta]$$
$$= 2\sin(\alpha + 2n\beta)\sin\beta,$$

有

$$\sin(\alpha + 2\beta) + \sin(\alpha + 4\beta) + \cdots + \sin(\alpha + 2n\beta)$$
$$= \frac{\cos(\alpha + \beta) - \cos[\alpha + (2n+1)\beta]}{2\sin\beta}$$
$$= \frac{\sin[\alpha + (n+1)\beta]\sin n\beta}{\sin\beta}。$$

若以 $\frac{\pi}{2} + \beta$ 代其 β，则"级数之各奇项其号必变，而偶项之号不变"，故

$$-\sin(\alpha + 2\beta) + \sin(\alpha + 4\beta) - \cdots + (-1)^n \sin(\alpha + 2n\beta)$$
$$= \frac{-\sin(\alpha + \beta) + (-1)^n \sin[\alpha + (2n+1)\beta]}{2\cos\beta}。$$

同理，由

$$\sin[\alpha + (2n+1)\beta] - \sin[\alpha + (2n-1)\beta]$$
$$= 2\cos(\alpha + 2n\beta)\sin\beta,$$

可得

$$\cos(\alpha + 2\beta) + \cos(\alpha + 4\beta) + \cdots + \cos(\alpha + 2n\beta)$$
$$= \frac{\cos[\alpha + (n+1)\beta]\sin n\beta}{\sin\beta},$$

从而

$$-\cos(\alpha+2\beta)+\cos(\alpha+4\beta)-\cdots+(-1)^n\cos(\alpha+2n\beta)$$
$$=\frac{-\cos(\alpha+\beta)+(-1)^n\cos[\alpha+(2n+1)\beta]}{2\cos\beta}。$$

类似地, 由
$$\tan nx-\tan(n-1)x=\frac{\sin x}{\cos nx\cos(n-1)x},$$
$$\cot(n-1)x-\cot nx=\frac{\sin x}{\sin(n-1)x\sin nx},$$

有
$$\sec x\sec 2x+\cdots+\sec(n-1)x\sec nx$$
$$=\frac{\tan nx-\tan x}{\sin x},$$
$$\csc x\csc 2x+\cdots+\csc(n-1)x\csc nx$$
$$=\frac{\cot x-\cot nx}{\sin x}。$$

又由 $2^{n-1}\tan 2^{n-1}\alpha=2^{n-1}\cot 2^{n-1}\alpha-2^n\cot 2^n\alpha$, 可得
$$\tan\alpha+2\tan 2\alpha+\cdots+2^{n-1}\tan 2^{n-1}\alpha$$
$$=\cot\alpha-2^n\cot 2^n\alpha。$$

若以 $\dfrac{\alpha}{2^n}$ 代其 α, 则
$$\frac{1}{2}\tan\frac{\alpha}{2}+\frac{1}{2^2}\tan\frac{\alpha}{2^2}+\cdots+\frac{1}{2^n}\tan\frac{\alpha}{2^n}$$
$$=\frac{1}{2^n}\cot\frac{\alpha}{2^n}-\cot\alpha。$$

因 $\dfrac{1}{2^n}\cot\dfrac{\alpha}{2^n}\to\dfrac{1}{\alpha}(n\to\infty)$, 故
$$\frac{1}{2}\tan\frac{\alpha}{2}+\frac{1}{2^2}\tan\frac{\alpha}{2^2}+\frac{1}{2^3}\tan\frac{\alpha}{2^3}+\cdots=\frac{1}{\alpha}-\cot\alpha。$$

有些三角级数的求和问题被归结为命题形式。例如, 设
$$s=b\sin\alpha\sin\alpha-\frac{b^2}{2}\sin^2\alpha\sin 2\alpha+\frac{b^3}{3}\sin^3\alpha\sin 3\alpha-\cdots,$$
若 $x=\cot\alpha$, 则
$$s=\tan^{-1}(b+x)-\tan^{-1}x。$$

证明: 由(13), 令

有
$$a = b\sin\alpha,$$

$$s = \tan^{-1}\frac{b\sin^2\alpha}{1+b\sin\alpha\cos\alpha} = \tan^{-1}\frac{b}{1+b\cot\alpha+\cot^2\alpha}$$
$$= \tan^{-1}\frac{b}{1+(b+x)x} = \tan^{-1}(b+x)-\tan^{-1}x。$$

另外，$\sin x$ 可化为"各乘数"。令 $x = \pm n\pi$，则当 $x \to 0$ 时，"必有他同数不能变为 0"，即有"与 x 不相关之数 a"能使

$$\sin x = ax(1-\frac{x^2}{\pi^2})(1-\frac{x^2}{2^2\pi^2})(1-\frac{x^2}{3^2\pi^2})\cdots。$$

但 $\frac{\sin x}{x} \to 1(x\to 0)$，故 $a = 1$，即

$$\sin x = x(1-\frac{x^2}{\pi^2})(1-\frac{x^2}{2^2\pi^2})(1-\frac{x^2}{3^2\pi^2})\cdots。 \tag{14}$$

如令 $x = \frac{\pi}{2}$，可由(14)得到

$$\frac{\pi}{2} = \frac{2^2}{1\cdot 3}\times\frac{4^2}{3\cdot 5}\times\frac{6^2}{5\cdot 7}\times\cdots,$$

是为"华里司所设之式"。(14)中"各乘数连乘"即得 $\sin x$ 的展开式，比较尤拉之法，即得

$$\frac{\pi^2}{6} = 1+\frac{1}{2^2}+\frac{1}{3^2}+\cdots,$$

$$\frac{\pi^2}{8} = 1+\frac{1}{3^2}+\frac{1}{5^2}+\cdots。$$

八线可以"中体西用"，盖正弦为八线之主，古已有之，割圆缀术的发展及其范围由此得到说明。三角级数论是由形式主义引起的一个新方向，但它难以"中学为体"。因此，晚清几乎无人问津。无论如何，三角学由此走向函数论，这是独立于几何学的结果。

三角数理虽然是由几何直观所引导的，但不是由几何直观所支配的，因而"用处最广"。中算家承认代数结果的一般性，同时感到形式推理并未"深求其理"，对于纯形式定义他们仍然心存疑虑。不过，晚清学者接受了同数的概念与用法，符号的广泛使用为此提供了方便。不久以后中国人走出国门，对三角级数论作出了自己的贡献。

| 第三章　独立于几何学的结果 |

第四节　弧 三 角 术

第二次传入的弧三角初见于《三角数理》，最基本的概念是几何的"体角"，在此基础上的其他结果都是代数的。基本方法是形式化的"纳氏之法"，它说明了弧三角数理。由此导致若干新结果，它们被应用于数学与科学的许多领域。

一、基本概念

《三角数理》卷九的内容包括弧三角"界说"与"边角之比例"。界说讨论弧三角基本概念，涉及"球上各圈"。边角之比例讨论弧三角的基本性质，包括纳白尔公式。

凡以平面剖球"剖面之界必为平圆"。如果剖面过球心，则剖面之界必为平圆之界，此平圆之界称为"大圈"。球面上若有两个定点，可作大圈过此两点。大圈半径也即球的半径，所以各大圈"半径必相同，大小必相等"。两大圈相交则"交点之距必为半周"，因为大圈平分全球。

如果剖面不过球心，则其平圆之界称为"小圈"。以下如未明确指出，所用皆为大圈之弧。通常所谓弧度者，实指"球心配此弧之角"，这里"恒以半径为一"。

平行小圈称为"距等圈"，过心垂线为极轴，它与球的交点称为"极点"。各圈皆有两极，距等圈有"近极"亦有"远极"。过极大圈称为"副大圈"，或称"经圈"。于是，两副大圈交点即为极点，由极点至大圈"其弧皆为一象限"。

两大圈之弧所成之角，即两切线的夹角，等于两个平剖面所成之角。切线与本弧必在同一平面内，并垂直于两个平面的交线。因此，两切线的夹角即两面之角，或两弧之角。设两弧相交而成"弧角"，若以两弧交点为极作大圈截两弧，或者截其引长之弧，则所截大圈之弧即为"弧角"之度。

若连两大圈的极点作弧，则其所对球心角，等于两大圈的平面交角。两大圈的两个交点，即两平面交线的两端，也即过两大圈极点的大圈之极。

球面上由三大圈相交所成的区域称为"弧三角"，由球心向三角引线则成以弧三角为底之"体角"，其边角"相关之理"即弧三角术"必究之事"。以下记弧三角与所对三边为 A，B，C 与 a，b，c。

根据体角三个面角的特性，底弧具有三个性质："无论何弧必小于半周"
$$a<\pi, \ b<\pi, \ c<\pi;$$
"任一弧必小于余两弧之和"
$$a<b+c, \ b<a+c, \ c<a+b;$$

"其三弧之和必小于大圈之全周"
$$a+b+c<2\pi。$$

设 ABC 为弧三角，如令
$$a'=\pi-A,\ b'=\pi-B,\ c'=\pi-C,$$
即 a'，b'，c' 以 A，B，C 为极，则成弧三角 $A'B'C'$，可称为 ABC 的"极三角形"。而
$$A'=\pi-a,\ B'=\pi-b,\ C'=\pi-c,$$
为 a，b，c 之极，所以 ABC 亦为 $A'B'C'$ 的极三角形。极三角可谓"外三角形"，亦谓"次形"。

于是，如果在体角顶点"以三棱为垂线作三个平面"，则成另一体角。其棱垂直于原棱，而各面各棱为原面原棱的"次面次棱"。所以，本形若有合理的边角关系，则次形相应的边角关系亦皆合理。由次形与本形的关系，有
$$A+B+C+a'+b'+c'=3\pi,$$
而
$$0<a'+b'+c'<2\pi,$$
故
$$2\pi<A+B+C<3\pi。$$

由此可见，弧三角不同于平三角，可有两角或三角皆钝，也能三角俱正，但不能有两角小于 $\dfrac{\pi}{3}$。

根据体角的性质，弧三角有六事，任知其三可求其余三事。因此，弧三角问题有 4 种，分别涉及两边及其所对两角、三边一角、两边夹角及旁一角、一边三角。

两边与所对两角的"相关之理"为
$$\sin c\sin B=\sin b\sin C,$$
是由图解所确立。若两边皆小于象限，其理能以平三角"同法证之"。如果有边大于或者等于象限，可由次形得之，与用本形所得"无异也"。

根据同一图解易得"三边与两角之比例"
$$\sin a\cos c=\sin b\cos C+\sin c\cos a\cos B,$$
配合平三角术，亦为"有用之式"。

三边与任一角"相比之式"为
$$\cos a=\cos b\cos c+\sin b\sin c\cos A,\tag{15}$$

第三章 独立于几何学的结果

图解表明，这是"公用之式"，对任何弧角"皆可通"。

三边一角的关系也可径由前述结果得之，不用图解，只需恒等变形。因

$$(\sin a \cos c - \sin c \cos a \cos B)^2 = \sin^2 b \cos^2 C,$$

$$\sin^2 c \sin^2 B = \sin^2 b \sin^2 C,$$

故

$$\cos b = \cos a \cos c - \sin a \sin c \cos B。$$

这表明(15)中的 a, b 可以对调，只需置换 A, B。同理，a, c 也能对调，只需置换 A, C。

由(15)，若 $a = b$，则

$$\cos A = \frac{\cos a(1-\cos c)}{\sin a \sin c} = \cos B。$$

但 $A < \pi$，$B < \pi$，故 $A = B$。所以，弧三角"若有两弧相等，则两弧所对之两角亦必相等"。反之，如果两角相等，则其所对两弧亦必相等。若 $A > B$，可在 BC 上取 D，使 $\angle DAB = B$。于是 $AD = BD$，从而

$$a = CD + DB = CD + DA > AC = b,$$

所以大弧对角"必为大角"。

由上述讨论可知，(15)为"各理之根本"。如果已知弧三角三事，由此可得其余三事。正弦定理可由(15)导出，由

$$\sin^2 A = 1 - \cos^2 A = 1 - \frac{(\cos a - \cos b \cos c)^2}{\sin^2 b \sin^2 c}$$

$$= \frac{1 - \cos^2 a - \cos^2 b - \cos^2 c + 2\cos a \cos b \cos c}{\sin^2 b \sin^2 c},$$

有

$$\frac{\sin A}{\sin a} = \frac{\sqrt{1 - \cos^2 a - \cos^2 b - \cos^2 c + 2\cos a \cos b \cos c}}{\sin a \sin b \sin c}。$$

右端为 a，b，c 之"常函数"，无论三者"如何更换"，其左端必同，故

$$\frac{\sin A}{\sin a} = \frac{\sin B}{\sin b} = \frac{\sin C}{\sin c}。$$

对弧对角"相关之理"由此得到说明。

余切定理亦可由(15)导出，只需代入 $\sin c$ 与 $\cos c$ 的同数并整理，即得

$$\cot a \sin b = \cot A \sin C + \cos b \cos C,$$

是为两边夹角与旁一角的"相关之式"。

角的余弦定理亦可由(15)导出。由次形，有

$$\cos a' = \cos b' \cos c' + \sin b' \sin c' \cos A'。$$

但
$$a' = \pi - A,\quad b' = \pi - B,\quad c' = \pi - C,\quad A' = \pi - a,$$

故
$$\cos A = -\cos B \cos C + \sin B \sin C \cos a。$$

是为"三角与任一边相关之式"。

《三角数理》将纳白尔公式纳入弧三角基本关系。由角的余弦定理,有
$$\cos A + \cos B \cos C = \sin B \sin C \cos a,$$
$$\cos B + \cos A \cos C = \sin A \sin C \cos b,$$

所以
$$\frac{\cos B + \cos A \cos C}{\cos A + \cos B \cos C} = \frac{\sin A \cos b}{\sin B \cos a} = \frac{\sin a \cos b}{\sin b \cos a}。$$

若将比例数的和较相比,则
$$\frac{\cos B - \cos A}{\cos B + \cos A} \times \frac{1 - \cos C}{1 + \cos C} = \frac{\sin(a-b)}{\sin(a+b)},$$

即
$$\tan\frac{A+B}{2}\tan\frac{A-B}{2}\tan^2\frac{C}{2} = \frac{\sin\frac{a-b}{2}\cos\frac{a-b}{2}}{\sin\frac{a+b}{2}\cos\frac{a+b}{2}}。$$

又
$$\frac{\sin A}{\sin B} = \frac{\sin a}{\sin b} \Rightarrow \frac{\tan\frac{A+B}{2}}{\tan\frac{A-B}{2}} = \frac{\tan\frac{a+b}{2}}{\tan\frac{a-b}{2}},$$

两式相乘并约之,平方开之,则有
$$\tan\frac{A+B}{2} = \frac{\cos\frac{1}{2}(a-b)}{\cos\frac{1}{2}(a+b)}\cot\frac{1}{2}C,$$

$$\tan\frac{A-B}{2} = \frac{\sin\frac{1}{2}(a-b)}{\sin\frac{1}{2}(a+b)}\cot\frac{1}{2}C。$$

上述结果对次形有效,即 A, B, C, a, b 可代之以
$$\pi - a,\ \pi - b,\ \pi - c,\ \pi - A,\ \pi - B,$$

故

$$\tan\frac{a+b}{2} = \frac{\cos\frac{1}{2}(A-B)}{\cos\frac{1}{2}(A+B)}\tan\frac{1}{2}c,$$

$$\tan\frac{a-b}{2} = \frac{\sin\frac{1}{2}(A-B)}{\sin\frac{1}{2}(A+B)}\tan\frac{1}{2}c。$$

这些结果是由"纳白尔所设",故称"纳白尔同比例法",它们在弧三角术中"大有用处"。

二、纳氏之法

《三角数理》卷十讨论弧三角术,包括正弧三角术与斜弧三角术。正弧三角术被归结为斜弧三角术的特例,斜弧三角术取决于"纳氏之法",纳氏之法被归结为形式结构。

纳白尔公式"能以下法变之"。由

$$1+\cos c = 1+\cos a\cos b+\sin a\sin b(\cos^2\frac{C}{2}-\sin^2\frac{C}{2})$$
$$= [1+\cos(a-b)]\cos^2\frac{C}{2}+[1+\cos(a+b)]\sin^2\frac{C}{2},$$

有

$$\cos^2\frac{c}{2} = \cos^2\frac{a-b}{2}\cos^2\frac{C}{2}+\cos^2\frac{a+b}{2}\sin^2\frac{C}{2}。$$

于是

$$\sec^2\frac{A+B}{2} = \frac{\cos^2\frac{c}{2}}{\cos^2\frac{a+b}{2}\sin^2\frac{C}{2}},$$

开方即得

$$\cos\frac{A+B}{2}\cos\frac{c}{2} = \cos\frac{a+b}{2}\sin\frac{C}{2},$$

同理可得

$$\cos\frac{A-B}{2}\sin\frac{c}{2} = \sin\frac{a+b}{2}\sin\frac{C}{2}。$$

由此可得

$$\sin\frac{A+B}{2}\cos\frac{c}{2}=\cos\frac{a-b}{2}\cos\frac{C}{2},$$

$$\sin\frac{A-B}{2}\sin\frac{c}{2}=\sin\frac{a-b}{2}\cos\frac{C}{2}。$$

若三角之一为"正角",角旁两边所在平面互相垂直,则此弧三角称为"正弧三角"。若二角或三角皆为正角则"不必论",它们有"特设之式"。由于正角为"已知之事",因此正弧三角只有五事。苟知其二,可求其余三事。它们"俱可以纳氏之法核之",这是"最佳、最便之法"。

纳氏将五事归结为"夹正角之两弧、对弧之余弧,及其余两角之余角"五件并规定:若以其中某件为"中件",则两旁者为"倚件",其余两件为"对件"。

中件之正弦,必等于两倚件之切线相乘数,亦等于两对件之余弦相乘数。

例如,设 $A=\frac{\pi}{2}$,如令 $\frac{\pi}{2}-a$ 为中件,则 $\frac{\pi}{2}-B$ 与 $\frac{\pi}{2}-C$ 为倚件,而 b 与 c 为对件。因

$$\cos A=-\cos B\cos C+\sin B\sin C\cos a,$$
$$\cos a=\cos b\cos c+\sin b\sin c\cos A,$$

而 $\sin\frac{\pi}{2}=1$,$\cos\frac{\pi}{2}=0$,故

$$\cos a=\cot B\cot C=\cos b\cos c,$$

即

$$\sin(\frac{\pi}{2}-a)=\tan(\frac{\pi}{2}-B)\tan(\frac{\pi}{2}-C)=\cos b\cos c。$$

类似地,如以其他各件为中件,还可得 8 个"相似之式"。

于是正弧三角可有"十个算式",各式若"以不同之法区别其每三件",则能"依其十个不同之法合并之",所以纳氏之法可由正弧三角任两事得到其余各事。

兹论正弧三角术,在此之前,有必要说明"数件要事"。如

$$\cos a=\cos b\cos c,$$

不得"三个余弦皆为负,或一个余弦为负"。所以,三边都小于象限,或两边大于象限而一边小于象限。又如

$$\sin b=\tan c\cot C=\frac{\tan c}{\tan C},$$

因 $b<\pi$,故左端"恒能为正"。所以,右端分子与分母"必为同号",即 c 与 Cr 同大于或同小于象限。由此可见,正弧三角任一边与对角"必俱大于正角,或俱小于正角"。大弧所对必为大角,小弧所对必为小角,反之亦然。

正弧三角问题有 6 种:

(1) 已知正角对边 a 及旁一角 B, 求 b, c, C。

解: 取 b 为中件, 则有
$$\sin b = \sin a \sin B。$$
因 b 与 B 同大于或同小于象限, 故 b 易得。

若以 $\dfrac{\pi}{2} - B$, $\dfrac{\pi}{2} - a$ 为中件, 则
$$\cos B = \cot a \tan c,$$
$$\cos a = \cot B \cot C,$$
由此可得 c, C。

(2) 已知正角对边 a 与另一边 b, 求 c, B, C。

解: 分别以 $\dfrac{\pi}{2} - a$, b, $\dfrac{\pi}{2} - C$ 为中件, 则
$$\cos a = \cos b \cos c, \quad \sin b = \sin a \sin B,$$
$$\cos C = \cot a \tan b,$$
由此即得所求。

(3) 已知正角旁一边 b 及其邻角 C, 求 a, c, B。

解: 分别以 $\dfrac{\pi}{2} - C$, b, $\dfrac{\pi}{2} - B$ 为中件, 则
$$\cos C = \tan b \cot a, \quad \sin b = \tan c \cot C,$$
$$\cos B = \cos b \sin C。$$

(4) 已知正角旁一边 b 及其对角 B, 求 a, c, C。

解: 分别以 b, c, $\dfrac{\pi}{2} - B$ 为中件, 则
$$\sin b = \sin B \sin a, \quad \sin c = \tan b \cot B,$$
$$\sin B = \cos b \sin C。$$

(5) 已知正角两边 b 与 c, 求 a, B, C。

解: 分别以 $\dfrac{\pi}{2} - a$, c, b 为中件, 则
$$\cos a = \cos b \cos c, \quad \sin c = \tan b \cot B,$$
$$\sin b = \tan c \cot C。$$

(6) 已知其余两角 B, C, 求 a, b, c。

解: 分别以 $\dfrac{\pi}{2} - a$, $\dfrac{\pi}{2} - B$, $\dfrac{\pi}{2} - C$ 为中件, 则
$$\cos a = \cot B \cot C, \quad \cos B = \cos b \sin C,$$

$$\cos C = \cos c \sin B。$$

称弧三角为"象限弧三角",如果它有一边为象限。设 a 为象限,则

$$a' = \pi - a = \frac{\pi}{2}。$$

由此可见,这种弧三角若以

$$\frac{\pi}{2} - b,\ \frac{\pi}{2} - c,\ -(\frac{\pi}{2} - A),\ B,\ C$$

为五件,则能"径用纳氏之法解之"。

弧三角若有两边相等,则从夹角垂弧平分对边,可得两个正弧三角形。所以,若已知任两事,其余各事可由正弧三角术求得,但是两个等边及其对角只能各算一事。

斜弧三角问题也有 6 种:

(1) 已知三边 a,b,c,求三角 A,B,C。

解: 由边的余弦定理,有

$$\cos A = \frac{\cos a - \cos b \cos c}{\sin b \sin c},$$

同理可得 B,C。上式"不合于用对数",故被化为

$$\sin \frac{A}{2} = \sqrt{\frac{\sin(p-b)\sin(p-c)}{\sin b \sin c}},$$

其中 $p = \frac{1}{2}(a+b+c)$。

(2) 已知两边 a,b 与对角之一 A,求 c,B,C。

解: 由正弦定理,有

$$\sin B = \frac{\sin A \sin b}{\sin a}。$$

由纳氏之法,有

$$\tan \frac{C}{2} = \frac{\cos \frac{1}{2}(a-b)}{\cos \frac{1}{2}(a+b)} \cot \frac{A+B}{2},$$

$$\tan \frac{c}{2} = \frac{\cos \frac{1}{2}(A+B)}{\cos \frac{1}{2}(A-B)} \tan \frac{a+b}{2}。$$

(3) 已知两边 a，b 及其夹角 C，求 A，B，c。

解：由纳氏之法，有

$$\tan\frac{A+B}{2} = \frac{\cos\frac{1}{2}(a-b)}{\cos\frac{1}{2}(a+b)}\cot\frac{C}{2},$$

$$\tan\frac{A-B}{2} = \frac{\sin\frac{1}{2}(a-b)}{\sin\frac{1}{2}(a+b)}\cot\frac{C}{2},$$

由此可得 A，B。至于 c，可由正弦定理得之，亦可由

$$\cos c = \frac{\cos a \cos(b-x)}{\cos x}$$

径求得之。其中

$$x = \tan^{-1}(\tan a \cos C)。$$

(4) 已知两角 A，B 及其夹边 c，求 a，b，C。

解：由纳氏之法，有

$$\tan\frac{a+b}{2} = \frac{\cos\frac{1}{2}(A-B)}{\cos\frac{1}{2}(A+B)}\tan\frac{c}{2},$$

$$\tan\frac{a-b}{2} = \frac{\sin\frac{1}{2}(A-B)}{\sin\frac{1}{2}(A+B)}\tan\frac{c}{2},$$

由此即得 a，b。至于 C，可由正弦定理得之。亦可用"副角"径求得之，与上一题"相类"。

(5) 已知两角 A，B 与对边之一 a，求 b，c，C。

解：这与第二题"相类"，由正弦定理，有

$$\sin b = \frac{\sin a \sin B}{\sin A}。$$

由纳氏之法，有[1]

---

[1] 此处原文有误，一式右端正切被误为"余切"，二式右端分式被倒置。

$$\tan\frac{c}{2} = \frac{\cos\frac{1}{2}(A+B)}{\cos\frac{1}{2}(A-B)}\tan\frac{a+b}{2},$$

$$\tan\frac{C}{2} = \frac{\cos\frac{1}{2}(a-b)}{\cos\frac{1}{2}(a+b)}\cot\frac{A+B}{2}。$$

此题"所求之事"亦可用"副角"得之。

(6) 已知三角 A，B，C，求三边 a，b，c。

解：此题可依第一题"同法求之"。由

$$\cos a = \frac{\cos A + \cos B \cos C}{\sin B \sin C},$$

可得

$$\sin\frac{a}{2} = \sqrt{\frac{-\cos P \cos(P-A)}{\sin B \sin C}},$$

其中

$$P = \frac{1}{2}(A+B+C)。$$

上式通过极三角可由第一题结果导出，同理可得 b，c。

上述结果有"未定之处"，其中两题或有二解、或有一解或无解。如第 2 题，若 $a < b < \frac{\pi}{2}$，则有二解。如果 $a \geq b$，则有一解，若 $a+b \geq \pi$ 则无解。设 $b > \frac{\pi}{2}$，若 $a < \pi - b$ 则有二解，若 $a \geq \pi - b$ 则有一解，若 $a \geq b$ 则无解。类似地，第 5 题也有未定之处。通过极三角，它们可由第 2 题结果得到说明。

三、各理设题

《三角数理》最后两卷是弧三角应用，涉及科学与数学的某些领域。卷十一论及"数种特设之事"，卷十二"各理设题"。兹举数例，说明弧三角在天文学与几何学中的应用。

在天文学中，往往会用到一类弧三角关系，其中"有数事改变极小，有数事不改变"。所以，若能确定由微小增量引起的变量关系，则"大有益于推算"。例如，弧三角，C 与 c 为常数，求其"任两事变数相配之式"。由

$$\cos c = \cos a \cos b + \sin a \sin b \cos C,$$

有

| 第三章 独立于几何学的结果 |

$$\Delta\cos c = \cos(a+\Delta a)\cos(b+\Delta b)$$
$$+\sin(a+\Delta a)\sin(b+\Delta b)\cos C$$
$$-\cos a\cos b - \sin a\sin b\cos C \text{。}$$

因 Δa 为"甚小之数",故

$$\sin\Delta a = \Delta a \text{,} \quad \cos\Delta a = 1 \text{。}$$

关于 Δb 的"各数亦然",所以

$$\Delta\cos c = -\sin c(\Delta a\cos B + \Delta b\cos A) \text{。}$$

但 c 为常数,即

$$\Delta\cos c = 0 \text{,} \quad \sin c \neq 0 \text{,}$$

故

$$\Delta a\cos B + \Delta b\cos A = 0 \text{。}$$

据此,通过极三角,可得

$$\Delta A\cos b + \Delta B\cos a = 0 \text{。}$$

其中 ΔA 与 ΔB 为角的"变数",而 c 与 C 不变。

类似地,若 B 与 C 不变,则"其余任两事之小变数"为

$$\Delta A = \sin b\sin C\Delta a \text{,} \quad \cot b\Delta b = \cot c\Delta c \text{,}$$
$$\sin A\Delta b = \cot c\Delta A = \sin B\cos c\Delta a \text{。}$$

由极三角之理,若 b 与 c 不变,则

$$\Delta a = \sin B\sin c\Delta A \text{,} \quad \cot B\Delta B = \cot C\Delta C \text{,}$$
$$\sin a\Delta B = -\cot C\Delta a = -\sin b\cos C\Delta A \text{。}$$

若任一角及旁一边不变,则"其他任两事相配之变数"为

$$\Delta a = \cos C\Delta b \text{,} \quad \Delta C = -\cos a\Delta B \text{,}$$
$$\sin a\Delta B = \sin C\Delta b = \tan C\Delta a = -\tan a\Delta C \text{。}$$

弧三角术可用于几何研究。例如,正多面体,设 V 为"体角之数", F 为"面数", E 为"边数",则

$$V + F = E + 2 \text{。}$$

证明:以多面体内任一点为心、以 1 为半径作球,由球心引线,至多面体各顶点。若将各线与球面的交点"以大圈之弧连之",则所成球面多边形数等于 F。

如令 θ 为"任一个多边弧形之角之和",k 为"边弧之数",则球面多边形面积为 $\theta + 2\pi - k\pi$,于是各多边形面积之和为球表面积

$$4\pi = \sum\theta + 2\pi F - \pi\sum k \text{。}$$

但

$$\sum\theta = 2\pi V \text{,} \quad \sum k = 2E \text{,}$$

故
$$4\pi = 2\pi V + 2\pi F - 2\pi E,$$
即
$$V + F = E + 2。$$

设正多面体有 n 面，每面有 k 边，则多面体"各面之平角全数"为
$$kF = nV = 2E,$$
所以
$$V = \frac{4k}{2(k+n) - kn}。$$

这是非负整数，因此
$$\frac{1}{n} + \frac{1}{k} > \frac{1}{2},$$
即
$$\frac{1}{6} < \frac{1}{n} \leqslant \frac{1}{3}, \ \frac{1}{6} < \frac{1}{k} \leqslant \frac{1}{3},$$
故 n 与 k "所能有之同数，不外乎三、四、五"。

若 $k = 3$，则其面为等边三角形，多面体各顶点可由三面、四面、五面而成，由此构成正四面体、正八面体与正二十面体。若 $k = 4$，则其面为正方形，各顶点皆由三面所成，由此构成立方体。若 $k = 5$，则其面为正五边形，各顶点皆由三面合成，由此构成正十二面体。除了上述 5 种正多面体之外，没有其他多边形可构成正多面体，所以"多等面之体只能有 5 种"。

"各理设题"第 5 题涉及球面四边形。设有一圈能切球面四边形的四角，若 E 与 F 分别为对角之弧 $\widehat{AD}$ 与 $\widehat{BC}$ 的中点，则其"边弧余弦之和"必为
$$4\cos\widehat{AE}\cos\widehat{BF}\cos\widehat{FE}。$$

证明：由余弦定理，有
$$\cos\widehat{BE} = \cos\widehat{AB}\cos\widehat{AE} + \sin\widehat{AB}\sin\widehat{AE}\cos\angle DAB,$$
而
$$\cos\angle DAB = \frac{\cos\widehat{BD} - \cos\widehat{AB}\cos\widehat{AD}}{\sin\widehat{AB}\sin\widehat{AD}},$$
故
$$\cos\widehat{BE}\sin\widehat{AD} = \cos\widehat{AB}\sin\widehat{DE} + \cos\widehat{BD}\sin\widehat{AE}。$$

这里

| 第三章　独立于几何学的结果 |

$$\sin\widehat{AD} = 2\sin\widehat{DE}\cos\widehat{DE},$$
$$\sin\widehat{DE} = \sin\widehat{AE},$$

所以
$$2\cos\widehat{AE}\cos\widehat{BE} = \cos\widehat{AB} + \cos\widehat{BD}。$$

类似地,有
$$2\cos\widehat{AE}\cos\widehat{CE} = \cos\widehat{AC} + \cos\widehat{CD}。$$

但
$$\cos\widehat{BE} = \cos\widehat{BF}\cos\widehat{FE} + \sin\widehat{BF}\sin\widehat{FE}\cos\angle BFE,$$
$$\cos\widehat{CE} = \cos\widehat{CF}\cos\widehat{FE} + \sin\widehat{CF}\sin\widehat{FE}\cos\angle CFE$$
$$= \cos\widehat{BF}\cos\widehat{FE} - \sin\widehat{CF}\sin\widehat{FE}\cos\angle BFE,$$

故
$$\cos\widehat{AB} + \cos\widehat{BD} + \cos\widehat{AC} + \cos\widehat{CD} = 4\cos\widehat{AE}\cos\widehat{BF}\cos\widehat{FE}。$$

第 14 题 已知弧三角底弧及面积,求"顶点之界"。

解:设 c 为底弧,D 为底弧中点,E 为由顶点所引垂弧之垂足。令
$$\alpha = A + \angle ACE - \frac{\pi}{2}, \quad \beta = B + \angle BCE - \frac{\pi}{2},$$
$$\theta = \alpha + \beta, \quad x = \widehat{DE}, \quad y = \widehat{CE},$$

则
$$\cot\frac{\alpha}{2} = \cot(\frac{c}{4} + \frac{x}{2})\cot\frac{y}{2},$$
$$\cot\frac{\beta}{2} = \cot(\frac{c}{4} - \frac{x}{2})\cot\frac{y}{2},$$

故
$$\cot\frac{\alpha}{2}\cot\frac{\beta}{2} = \frac{\cos x + \cos\frac{c}{2}}{\cos x - \cos\frac{c}{2}}\cot^2\frac{y}{2},$$

$$\cot\frac{\alpha}{2} + \cot\frac{\beta}{2} = \frac{2\sin\frac{c}{2}\cot\frac{y}{2}}{\cos x - \cos\frac{c}{2}}。$$

于是

$$\cot\frac{1}{2}\theta = \frac{\cot\frac{\alpha}{2}\cot\frac{\beta}{2}-1}{\cot\frac{\alpha}{2}+\cot\frac{\beta}{2}}$$

$$=\frac{\cos\frac{c}{2}\csc^2\frac{x}{2}+\cos x(\cot^2\frac{y}{2}-1)}{2\sin\frac{c}{2}\cot\frac{y}{2}}$$

$$=\cot\frac{c}{2}\csc y + \cos x \csc\frac{c}{2}\cot y,$$

从而

$$\cos\frac{c}{2} = \sin\frac{c}{2}\cot\frac{1}{2}\theta\sin y - \cos x\cos y。$$

此即所求"顶点之界",是由"雷克虽里所设",其理"颇深"。

若将底弧引长至 A' 与 B' 使得

$$\widehat{ABA'} = \widehat{B'AB} = \pi,$$

令 G 为过 A' 与 B' 的小圈之极,x' 与 y' 为小圈之纵横轴,r 为小圈之角半径,则顶点之界为

$$\cos r = \sin y'\sin y + \cos y'\cos y\cos(x-x')。$$

若 $x' = 0$,而

$$-\tan y' = \sin\frac{c}{2}\cot\frac{1}{2}\theta,$$

$$-\frac{\cos r}{\cos y'} = \cos\frac{c}{2},$$

则与前式相同。由此可见,如果 $\widehat{AC}$ 与 $\widehat{BC}$ 引长,交 ADB 圈于 A' 与 B',则 A' 与 B' 也是"界上之点"。这是因为

$$\cos\widehat{GD'} = -\cos y', \quad \widehat{A'D'} = \frac{c}{2},$$

所以[1]

$$\cos r = \cos\widehat{GD'}\cos\widehat{A'D'},$$

而

$$r = \widehat{GA'} = \widehat{GB'}。$$

---

[1] 这里 $\widehat{GD'} = \pi - \widehat{GD}$。

第三章 独立于几何学的结果

由"更易之法"可得"相反之理"。设 C 为小圈上任一点，作 $\overset{\frown}{AC}$ 与 $\overset{\frown}{BC}$ 并引长，则交 A' 与 B' 两点，而

$$\angle ABC = \angle AA'B + \angle BB'A + \angle A'CB'$$
$$= \angle GA'B + \angle GB'A。$$

因

$$\angle GCA' = \angle GA'C, \quad \angle GCB' = \angle GB'C,$$

故以任意点 C 为顶的弧三角"其各角之和，与其形之面积必恒不变"，由此易得小圈之角半径。

若 $\overset{\frown}{A'D'} = \overset{\frown}{AD}$，则 A 与 A' 两点"各为径之一端"，又

$$\angle GA'B = \frac{A+B+C}{2},$$

故

$$\angle GA'D' = \frac{\pi-\theta}{2} = \tan\overset{\frown}{A'D'}\cot\overset{\frown}{A'G},$$

即

$$\tan\frac{c}{2}\cot r = -\cos\frac{1}{2}(\pi+\theta) = \sin\frac{1}{2}\theta。$$

此外，各理设题还有很多，兹不赘述。

综上所述，弧三角数理不同于几何的弧三角术，具有如下一些特点：最为基本的概念仍有赖于图解，但是在此基础上的其他关系都是代数的，甚至还有分析的结果。图解也有不同的特点，半径恒为一，基础是体角。更为重要的是，垂弧、次形数理化，纳氏之法形式化。于是，弧三角关系开始多样化，导致边的正弦与其邻角余弦的乘积定理、余切定理、角的余弦定理及纳白尔公式及其相关结果，它们是以往几何的弧三角术所没有的。数理结果在许多领域得到应用，"各理设题"还指出了它们的几何意义，这对割圆八线来说几乎是不可能的。

第四章　中西会通的结果

对于三角数理，晚清学者并未全盘接受，他们节取其结果而禁传其数理。清末学者引进了"三角函数"，然而学制改革前函数概念并未真正建立起来。废除科举制以后，三角知识摆脱了割圆术，数理方法取代了图解方法。至1907年，学者开始真正理解函数的概念，三角学从此全盘西化。

第一节　中体西用

三角术可用于历法研究，有助于人与天理共存，这对中国的政治生活很重要。因此，变动它的基础事关重大，中算家不得不格外谨慎。他们接受了符号代数，但是拒绝了形式主义，这与"中体西用"的要求有关。对于三角数理是否总能符合现象，人们心存疑虑，晚清三角学的结构与稳定由此得到说明。

一、《弧三角图解》

《弧三角图解》成书于1893年，由"黟上小神仙"盛钟圣撰写初稿，由"知止轩主"盛钟彬选集，并由姚江的黄蔚亭先生鉴定。基本概念仍为割圆八线，未独立于天文学。弧三角关系依赖于几何直观，图解说明了基本方法。弧三角术以"中学为体"，分类依据是适用范围，而非数学原理。

根据凡例，弧三角是"天学家之最要也"，因为七政躔度及两星距弧不出弧三角范围。古今诸书虽有弧三角之法，皆未得其所以然，本书则"一一发明其理"。

全书由序言、旧术、图形与解说4个部分组成，分为10卷。卷一由7篇"序文"组成，6篇他序，1篇自序。为首一篇是费箴甫的英文序，由盛沛柱译为中文。

> 几何者象形之学也，代数者阐理之学也。二者相辅而行，此西学之所以见称也。惟弧三角一法，代数虽以阐其理，而几何实未备其形意者。写平于浑，西人亦有穷于议拟者乎？盛君莲卿著《弧三角图解》，平侧凹凸、三角八线历历在目，诸君子咸推为梅氏之功臣矣。顾余自幼从西人学，于中学恨未得奥，而西学颇从事有年。余谓是图也，为几何所未备而资代数之一证，请以质之谈天家。[60]

费箴甫从事西学有年，了解"弧三角一法"代数已"阐其理"。所以，他不可能不了解，弧三角数理所需图解只有体角，却道"是图也，为几何所未备，而资代数之一证"。显然，他在忽悠溪上小神仙，居心何在不得而知。另外，吴子健的序则称"非说无以明其理，非图无以究其用"，可见他以实用为旨归，而"说理"缺乏数理观念。

卷二为"弧三角形旧法"，而旧法已全，他一一列出。值得注意的是，它们都被整理成比例四率，如项名达的结果。但是，他的兴趣不在算术原理，而在几何直观方面。卷三为"剖浑圆体势图"，卷四与卷五为"弧三角图形"，卷六为"明题图"。4卷作图共186幅，均已分类标号，其中"阐发梅文鼎意者二十余图，独抒心得者百五十余图"。弧三角术必先论其体势，而梅文鼎所论"最为详明"，故卷七"照录其旧"。卷八与卷九为"弧三角术解"，正弧三角30题，斜弧三角18题。垂弧之法有三，而三者之法皆同，故"此书中之题三角皆锐"。卷十为"明题解"，内容是弧三角应用，凡20题。兹举数例，说明他的图解方法。

关于弧三角(图 4-1)体势，盛钟圣照录梅文鼎旧语"三大圈相遇则成三角三边"，然后解释道：

> 如第一十七图，已为北极，戊辛为赤道，丁庚为黄道，两道相交于春分成乙角。又已壬为过极经圈，自北极已出弧线裁黄道于丙，得丙乙边为黄道之一弧。又裁赤道于甲，成甲乙边，为赤道之一弧。而过极经圈为两道所裁，成丙甲边，为经圈之一弧。是为三边，即又成丙角、甲角，合乙角为三角。[61]

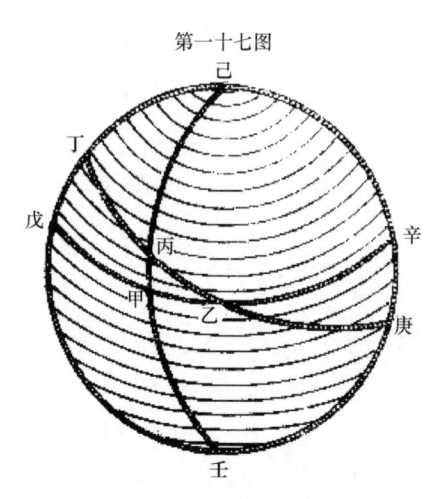

图4-1 三大圈相交成弧三角

不难发现，"第一十七图"是美术的，而非几何的。至于解释则与梅文鼎大同小异。关于正弧三角术，兹举第18题为例。设 C 为正角，已知 B 与 b，求 A。

如第六十七图，用次形法将甲乙丙本形易为甲坤乾次形，而乾坤弧即本形乙角之余，甲坤弧即本形甲丙之余，甲角为交角。今用甲坤乾正弧三角形，以求其甲角。

如第六十八图甲坤乾正弧三角形，戊为浑圆之心，乾为正角。将甲坤弧引满象限至丁，将甲乾弧引满象限至子。作丁子弧即甲角之度，其正弦丁巳。而甲坤弧正弦坤壬，乾坤弧正弦坤癸。则戊丁、戊子、戊甲皆为半径，今八线所成戊丁巳与戊庚辛两勾股形为同式，故可成比例。

第六十七图　　　　　　第六十八图

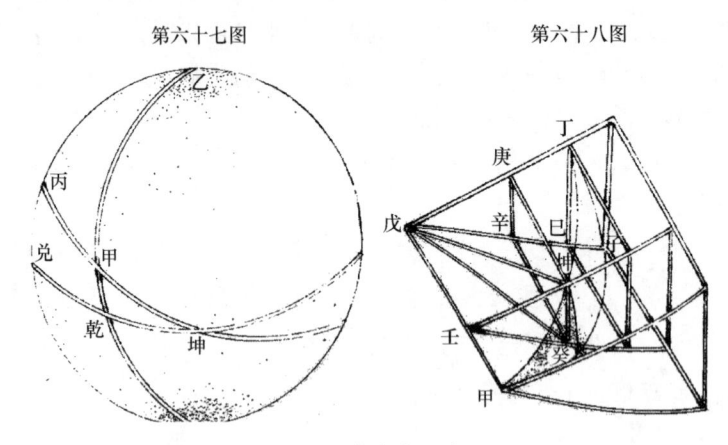

图4-2 黄赤大距度

即
$$\sin A \cos b = r \cos B,$$
或
$$\sin A \sin a' = r \sin c',$$
其中
$$a' = \frac{\pi r}{2} - b, \quad c' = c = \frac{\pi r}{2} - Br。$$

对次形与本形的这种关系，盛钟圣的认识很清楚，但是并没有产生形式变换的想法。由于迷恋图解，次形未能数理化。

关于斜弧三角术，兹举第9题为例：已知 A, b, c，求 a。

如第一百二十一图甲乙丙斜弧三角形，戊为浑圆之心。自乙角至丁作垂弧，则成甲乙丁及丙乙丁两正弧三角形。再作弧角八线，如第一百二十有二图。

| 第四章　中西会通的结果 |

第一百二十一图　　　　　　第一百二十二图

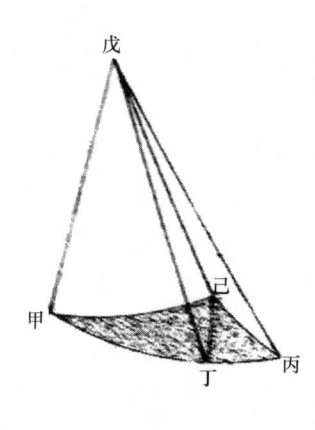

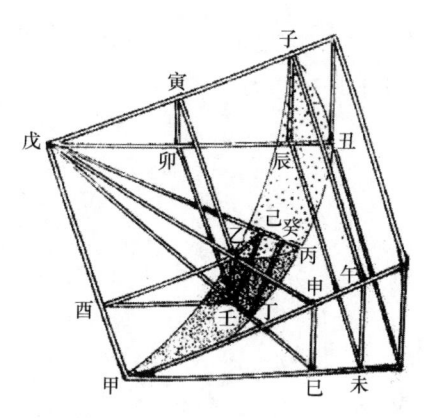

图4-3　垂弧法

甲角即子丑之度，其正弦子辰，余弦戊辰。甲乙弧正弦乙酉，正切申甲。而乙壬即乙丁弧之正弦，余弦壬戊。而巳甲即甲丁弧之正切，而丁癸为丁丙弧之正弦，癸戊为其余弦。乙巳为乙丙弧之正弦，巳戊为其余弦。今八线所成戊子辰与戊寅卯，又甲戊未与甲申巳四勾股为同式，又戊丁癸与戊壬巳两勾股为同式，故可成比例。

即

$$r\tan\widehat{AD} = \cos A\tan c,$$
$$r\sin\widehat{BD} = \sin A\sin c,$$
$$r\cos a = \cos\widehat{BD}\cos\widehat{CD},$$

其中 $\widehat{CD} = b - \widehat{AD}$。

该题涉及边的余弦定理，是弧三角"各理之根本"。在三角数理中，由此引出纳氏之法，它说明了一切弧三角术。在这里，由于迷恋图解，余弦定理及其重要性无法显示出来。

关于弧三角明题，兹举第16题为例：已知一星高弧为 a_1，经度为 b_1；另一星高弧为 a_2，经度为 b_2；求两星相距度(图4-4)。

如第一百七十七图，甲庚巳辛癸壬子外周为子午规，甲为天顶。寅辛子为地平圈，庚寅癸为赤道，巳寅壬为黄道。丙点及乙点即两星，丑乙与卯丙即两星之高弧。法自天顶作两垂弧，过两星体，皆相遇于地平。再以乙丙两星体作乙丙弧，则成甲乙丙斜弧三角形，有甲角、有甲乙弧、

· 145 ·

有甲丙弧。

如第一百七十八图甲乙丙斜弧三角形,戊为浑圆之心。依斜弧三角形第九题法,以求乙丙之弧。

第一百七十七图　　　　第一百七十八图

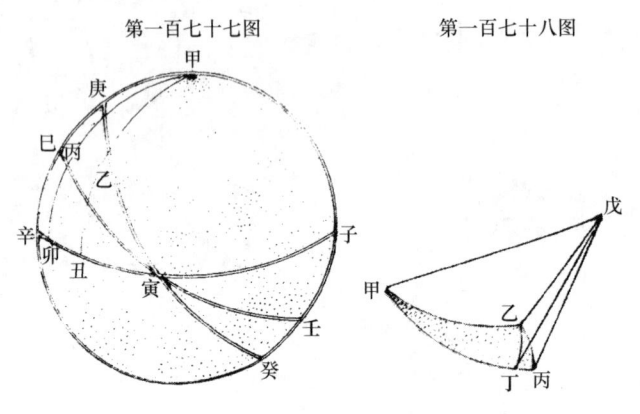

图4-4　两星相距度

即

$$r\tan\widehat{AD} = \cos A \tan c,$$
$$r\sin\widehat{BD} = \sin A \sin c,$$
$$r\cos a = \cos\widehat{BD}\cos\widehat{CD}。$$

其中,$\widehat{CD} = b - \widehat{AD}$,而

$$Ar = b_1 - b_2,$$
$$b = \frac{\pi r}{2} - a_2, \quad c = \frac{\pi r}{2} - a_1,$$

这是斜弧三角术第9题的应用。

由此可见,盛钟圣的八线是与弧相关的线段,未能独立于几何学。至于弧三角则"与天相应",未能独立于天文学。他以梅文鼎的"三角即勾股"论为体,而以第一次传入的弧三角术为用,拒绝了弧三角数理,没有采用纳氏之法,这是"中体西用"的一种极端表现。

二、《割圆术辑要》

卢靖,沔阳人,曾经"塞外事简"。他热衷于近代化事业,试图将工矿企业引进草原牧区,幸而"蒙汉语言不通,游牧习俗难改",此举未能成功。[1]其著有《万象一

---
[1] 蒙汉语言不通,游牧习俗难改。前欲鼓励工、艺、牧、矿诸切近之端,悬赏经年,无一应者。[62]

原演式》及《割圆术辑要》，极力会通中西，每辄"以代数式演之"。

《割圆术辑要》汇集古今中外三角公式，书后并附长泽氏"三角法公式一览表"。《割圆术辑要》涉及周径、弧角、八线的互求关系，以及八线与弧背的互求关系。其中，有些结果出自《三角数理》，与割圆术并不相干。有些结果虽能归之于割圆术，但却并不依赖于割圆术。

周径关系以圆周率为核心，包括圆径求周一十四术，圆周求径六术。圆径求周诸术分别来自亚几默德、祖冲之、杜德美、徐有壬、夏鸾翔、尤拉与海麻士。前十术"皆借正弦、或正切求弧背术而得"，均为无穷级数。后四术都是"有周率求周术"，皆为近似关系。所用周率，或为中国古率，或有合于中国古率。圆周求径诸术分别来自祖冲之、项名达与哈韦司，项氏术系由椭圆求周术变通而得，另五术"皆由径求周术还原而得"[63]。

中算家的圆周率及弧背术均与割圆术有关，项名达的椭圆求周术也曾借助于割圆术，虽然它们并不依赖于割圆术。至于西算家的圆周率及弧背术，则出自三角数理，与割圆术并不相干。

角度求弧背术来自《算式辑要》，还原即可由弧背求弧度。①由此给出弪与度的关系

$$\frac{180°}{\pi} = 57°295779513,$$

$$\frac{\pi}{180°} = 0.01745329,$$

以及弧角关系

$$\alpha = \frac{\pi}{180°} r\theta, \quad \theta = \frac{180°}{\pi} \times \frac{\alpha}{r}。$$

其中 α 为本弧，r 为半径，而 θ 为"本弧之角度"，这与《三角数理》的定义相同。不同的是，这里并非用于几何概念数理化，而是用于数理概念几何化。

八线互求关系多为第二次西学东渐以前的结果，包括等弧八线的关系、大小八线的关系及若干"新术"，还有几个西算新法。等弧八线的关系可由基本关系导出，展开弦矢关系即可，只需有理二项式。有理二项式已被戴煦归结为形式结构，至于基本关系，则被海麻士归结为数理结果。由此限定的八线关系并不依赖于割圆术。类似地，大小八线的关系亦可由欧拉公式导出，后者亦可由和较关系确立。中算家的和较关系固然出自割圆术，至于三角比例数的和较关系，则与割圆术无关。

"新术"涉及大小弦、矢的级数关系，大弧与小弧之比为有理数，与项氏术并无实质的不同。关于董祐诚的弦率及相应的代数术何以皆取奇数，卢靖"考其得术之由

---

① 原文如此，这里"弧度"应为角度。[63]

来"发现，实际上大小弧之比"无论为奇、为偶，皆能通用"，只不过奇数对应于多项式而偶数对应于无穷级数。[①]完全类似的是，矢率及其相应的代数式"亦可奇偶通用"，只不过是偶数对应于多项式，而奇数对应于无穷级数。西法涉及大小正切的关系，注明"卜奴里氏术见《代数术》第二百五十七款"，与割圆术并不相干。

八线与弧背的关系皆为西法及其会通结果，弧背求八线术均为无穷级数，八线求弧背包含近似关系。弧背求八线术可由基本关系导出，只需杜德美的"求弦矢捷法"。数学会通表明，求弦矢捷法取决于大小弦矢的关系，转而依赖于割圆术。然而西算新法表明，大小弦矢的关系只需三角数理，与割圆术并不相干。至于弧背求切割诸线，中算家的推导与西法略同，并未涉及割圆术。

八线求弧背诸术分别来自杜德美、徐有壬、夏鸾翔、古累固里，以及《微积溯源》和《算式辑要》，或为无穷级数，或为近似关系。杜氏术实为明氏术，是对杜氏"弦矢捷法"施行明安图变换所得，纯属代数结果。徐氏术为弦矢求弧背，他称"俱本杜德美氏"，实际上是变通明氏术而得，也是代数结果。夏氏术为正弦、正矢求弧背，展开有理二项式并逐项积分所得。古累固里术与《微积溯源》术则为正切求弧背，前者可由欧拉公式导出，后者可由前者变通而得，只需考虑余弧切线即可。《算式辑要》术只是弧、矢、弦、径的近似关系，类似于中国古代的弧矢算术，辑要术"所得之弧背皆为略数"。

《割圆术辑要》的内容主要是弧矢、弦径的关系，这些关系取决于八线的和较关系，转而依赖于两角和的弦矢公式。但是中算家的基本公式出自割圆术，会通结果必须"中学为体"。于是，数理概念几何化，西法归入割圆术。但是西算新法表明，它们只需三角数理，并不依赖割圆术。

《三角法公式》译自"长泽氏三角书"，附于《割圆术辑要》之后作为补充材料，近代日本学者的三角知识与特点由此可见一斑。其基本概念是三角函数，主要内容是基本关系、和较关系与边角关系，都是数理结果，与割圆术无关。

首先给出"测角法"，采用"六十分法"，涉及弧度比例

$$\frac{\alpha}{\pi} = \frac{\theta}{180°},$$

这与现今弳与度的关系完全一致。随后给出三角函数的定义[②]，正弦、余弦与正切为

$$\sin\alpha = \frac{y}{r}, \quad \cos\alpha = \frac{x}{r}, \quad \tan\alpha = \frac{y}{x},$$

余割、正割与余切为"上三者之倒数"，其中 x、y 与 r 为直角三角形的"底线"、"垂

---

① 不过，卯为奇数，其式为有尽之级数；卯为偶数，式为无尽之级数。
② 译者注明三角函数"即八线"。

线"与"斜边"。

三角函数的基本关系可由定义直接导出

$$\sin\alpha\csc\alpha = 1, \quad \cos\alpha\sec\alpha = 1,$$
$$\tan\alpha\cot\alpha = 1, \quad \sin^2\alpha + \cos^2\alpha = 1,$$
$$1 + \tan^2\alpha = \sec^2\alpha, \quad 1 + \cot^2\alpha = \csc^2\alpha,$$
$$\tan\alpha = \frac{\sin\alpha}{\cos\alpha}, \quad \cot\alpha = \frac{\cos\alpha}{\sin\alpha},$$

它们无需数值分析或者条段之理。

"二角和差为$90°\times k$之函数"涉及任意角的三角函数,"余角之函数"、"补角之函数"及"负角之函数"均可由此得到说明。设$A = 90°\times k \mp \alpha$,若$k=1$,则

$$\sin A = \cos\alpha, \quad \cos A = \pm\sin\alpha,$$
$$\tan A = \pm\cot\alpha,$$

若$k=2$,则

$$\sin A = \pm\sin\alpha, \quad \cos A = -\cos\alpha,$$
$$\tan A = \mp\tan\alpha,$$

若$k=3$,则

$$\sin A = -\cos\alpha, \quad \cos A = \mp\sin\alpha,$$
$$\tan A = \pm\cot\alpha。$$

设$A = 90°\times k - \alpha$,若$k=0$或$k=4$,则

$$\sin A = -\sin\alpha, \quad \cos A = \cos\alpha,$$
$$\tan A = -\tan\alpha。$$

上述各式右端符号,取决于A角所在"分面"内原函数的正负,"三角函数之正负"给出它们在各象限的符号。"同甲角函数之总角"表达了本角α的同数[①]

$$\sin[n\pi - (-1)^{n-1}\alpha] = \sin\alpha,$$
$$\cos(2n\pi \pm \alpha) = \cos\alpha,$$
$$\tan(n\pi + \alpha) = \tan\alpha,$$

因此,"二角和差为$90°\times k$之函数"说明了任意角的三角函数。

两角和为"复角",两角和的正弦、余弦公式说明了复角的函数,并且说明了三角函数的和差与积的关系。"倍角之函数"包括两倍角和三倍角的正弦、余弦,以及正切、余切,两倍角的正切与余切为

$$\tan 2\alpha = \frac{2\tan\alpha}{1-\tan\alpha}, \quad \cot 2\alpha = \frac{\cot\alpha - 1}{2\cot\alpha},$$

---

① 原文忽略了正弦总角中的指数$n-1$,正切总角中的加号误为减号。

其中，非 1 指数显然被忽略了。三倍角的正弦与余弦为
$$\sin 3\alpha = 3\sin\alpha - 4\sin\alpha,$$
$$\cos 3\alpha = 4\cos\alpha - 3\cos\alpha,$$
同样忽略了非 1 指数。"分角之函数"可由倍角函数还原而得，而分角仅为半角。
"三角形边角之关系"包括半角公式，除了最典型的边角关系之外，还涉及
$$a = b\cos C + c\cos B,$$
$$b = c\cos A + a\cos C,$$
$$c = a\cos B + b\cos A,$$
$$(a+b)\sin\frac{C}{2} = c\cos\frac{A-B}{2},$$
$$(a-b)\cos\frac{C}{2} = c\sin\frac{A-B}{2}。$$

最后是"三角函数辑要"，给出特殊角
$$0, \frac{\pi}{12}, \frac{\pi}{10}, \frac{\pi}{6}, \frac{\pi}{4}, \frac{\pi}{3}, \frac{\pi}{2}, \frac{3\pi}{4}, \frac{5\pi}{6}, \pi$$
的正弦、余弦与正切值。

显而易见，"长泽氏三角书"不是为了"西学为用"，而是为了初等数学教育。《三角法公式》包括边角关系而不涉及弧背术，也不涉及任何无穷展开式。作为最基本的数理结果，它在内容和形式上均与《割圆术辑要》存在很大差异。

《割圆术辑要》与《三角法公式》也涉及同样的数学对象，并且都有赖于和较关系。然而，其基本概念有所不同，知识结构存在差异。重要的是，前者"中体西用"，后者全盘西化。实际上，《三角法公式》西学为用的意义并不大，为何悉数照搬，卢靖似乎另有用意。

《割圆术辑要》的内容以弧矢弦径的关系为主，即以中国古代的弧矢算术为体，而以西算新法为用。有些三角公式注明为"三角数理术"，表明卢靖读过《三角数理》，但他取其结果而去其数理。例如，"圆径求周第十术"
$$2r\pi = 8r[4(\frac{1}{5} - \frac{1}{3\cdot 5^3} + \frac{1}{5\cdot 5^5} - \cdots)$$
$$- (\frac{1}{239} - \frac{1}{3\cdot 239^3} + \frac{1}{5\cdot 239^5} - \cdots)],$$
注明"三角数理术"，但这并非《三角数理》原术。原术为
$$\frac{\pi}{4} = 4\alpha - \beta = 4(\frac{1}{5} - \frac{1}{3\cdot 5^3} + \frac{1}{5\cdot 5^5} - \cdots)$$

第四章 中西会通的结果

$$-\left(\frac{1}{239} - \frac{1}{3 \cdot 239^3} + \frac{1}{5 \cdot 239^5} - \cdots\right),$$

是由古累固里术所得，其中

$$\tan\alpha = \frac{1}{5}, \quad \tan\beta = \frac{1}{239},$$
$$\alpha > 0, \quad \beta > 0。$$

根据《三角数理》，古累固里术是由欧拉公式所确立，欧拉公式纯属数理关系。不过，古累固里术也可由杜氏①术导出，杜氏术则有割圆连比例的解释。因此，原术可以"中学为体"，只需乘以"四径"。类似地，各种和较关系也可建基于割圆连比例，于是也被纳入割圆术，以便中体西用。虽然，根据三角数理，它们与割圆术并不相干。

"中体西用"在文化上固然可以防微杜渐。在数学上，则难免混淆概念，甚至逻辑不清、结构失调。譬如，"三角函数"，通过数理概念几何化，卢靖回到割圆八线。而且更退一步，将角度等同于弧度②，他又回到弧矢算术。《割圆术辑要》并没有力求精确关系，这与"中学为体"有关，也与实用目的有关。

实用算术往往满足于近似关系，古代的《弧矢算术》如此，西方的《算式辑要》亦然。卢靖发现了两者共同的实用性，这为"中体西用"提供了便利，代价是数理结构的错失。根据八线数理，三角学的内容至少包括基本关系、和较关系及边角关系，不然结构不算完整。《割圆术辑要》涉及八线的基本关系，但是既不完善也没有独立出来，因为古代的弧矢算术也是如此。古代的弧矢算术涉及倍角的弦矢公式而不涉及一般的和较关系，八线数理将前者归于后者，中算史上的顺序则恰好相反。

《割圆术辑要》汇集各种和较关系，却没有涉及边角关系。这是因为前者均可纳入清代割圆术，而后者无法纳入割圆术或弧矢术，前者可以"中学为体"而后者难以"中学为体"。

数学的全盘西化并没有毁灭日本文化，却使日本数学脱胎换骨，迅速走上了数学强国之路。《三角法公式》不同于《割圆术辑要》，内容虽然不及《三角数理》全面，形式上则完全一致。其基本概念是三角函数，不是线段而是比例数，三角函数的性质包括基本关系、和较关系及边角关系。至于这些性质的确立，作为"三角公式一览表"，它没有提供具体过程。但是基本关系可由定义直接导出，和较关系由两角和的正弦、余弦公式导出，边角关系由正弦定理导出。根据三角数理，它们虽然是由直观所引导的，但不是由直观所支配的。

第一次西学东渐不足以导致中国数学全盘西化，不是概念不进步，而是因为

---

① 即杜德美。
② 根据《割圆术辑要》，本弧角度(即圆心角)"亦名弧度"。

它的几何传统不利于形式化。后来形式主义在欧洲大行其道,随着西方数学的第二次传入,传统数学再无发展空间。卢靖也许感到,"中体西用"无法实行,"西体西用"亦无不可,所以才把全盘西化的三角公式表作为他的附录。事实上,由此既能说明《割圆术辑要》的主要内容,也可以说明《三角数理》的主要内容,只需"西体西用"。

《割圆术辑要》的结构表明,清末学者不再坚决排斥全盘西化的结果。不过,中体西用乃是洋务官僚的基本原则,作为朝廷命官,卢靖不得不然。全盘西化存在风险,不是官员也不方便"西体西用"。在科举制度废除以前,人们不得不在"中西体用"之间继续徘徊。

三、《新三角问题正解》

薛光锜(19 世纪),无锡人,中算西化的先锋。[①]三角书多"详于理论而略于布算",这对独修之士不大方便。他发现佛国可林森的教科书寓理于算,能"显明古义,阐发新理"。于是,他取书中习题"布式详解",并整理出"正解"300 余篇,是以几何为体代数为用。

全书冠以"测角",殿以"极限",共 11 编。测角法总共有 26 题,涉及英法单位换算,用到弪与度的关系。例如,求证:若角之英度、法度、弧度为 A, B, C,则

$$\frac{A}{90} = \frac{B}{100} = \frac{2C}{\pi}。$$

证明:由"三角数理第五、九两款",有

$$\frac{A}{90} = \frac{B}{100},\ \frac{A}{180} = \frac{C}{\pi},$$

因而上式成立。

第二编"一角之三角函数",讨论恒等关系凡 41 种,基本方法是代数的。例如,证明

$$\cos^6\alpha + \sin^6\alpha = 1 - 3\sin^2\alpha + 3\sin^4\alpha,$$

前提是基本关系

$$\sin^2\alpha + \cos^2\alpha = 1,$$

方法是恒等变形

---

① 江南高等学堂杨冰称"无锡薛君仲华算学界中改良之先驱也",见《新三角问题正解》序。[64]

| 第四章　中西会通的结果 |

$$\cos^6\alpha + \sin^6\alpha = (\sin^2\alpha + \cos^2\alpha) \times (\cos^4\alpha - \cos^2\alpha\sin^2\alpha + \sin^4\alpha)$$
$$= (\sin^2\alpha + \cos^2\alpha)^2 - 3\cos^2\alpha\sin^2\alpha$$
$$= 1 - 3\cos^2\alpha\sin^2\alpha$$
$$= 1 - 3(1 - \sin^2\alpha)\sin^2\alpha$$
$$= 1 - 3\sin^2\alpha + 3\sin^4\alpha。$$

部分结果的基本前提是倍角的正弦公式，对此第三编给出代数解释，第四编则给出几何解释。

第三编"多角之三角函数"92 题，讨论各种和较关系及其应用，前提是和角的正弦、余弦公式，皆本《三角数理》第三十七款而化之。例如

$$\sin(\alpha + 2\beta)\cos\alpha + \cos(\alpha + 2\beta)\sin\alpha = \sin 2(\alpha + \beta),$$

是在《三角数理》第三十七款(一)中，$\alpha + 2\beta$ 与 α 分别代之以 α 与 β 所得。类似地，在《三角数理》第三十七款(三)中，"令 $2\alpha + \beta$ 代其 α"，则

$$\sin 2\alpha = \sin(2\alpha + \beta)\cos\beta - \cos(2\alpha + \beta)\sin\beta。$$

该编最后一题求证："三角形中，三较角之正弦若为算学级数，则三角之正切亦为算学级数。"

证明：由
$$\sin(B + C - A) + \sin(A + B - C)$$
$$= 2\sin(A - B + C),$$

有
$$\sin(B + C - A) - \sin(A - B + C)$$
$$= \sin(A - B + C) - \sin(A + B - C),$$

即
$$2\cos C\sin(B - A) = 2\cos A\sin(C - B),$$

或
$$\cos C(\sin B\cos A - \cos B\sin A)$$
$$= \cos A(\sin C\cos B - \cos C\sin B)。$$

两端除以 $\cos A\cos B\cos C$，则
$$\frac{\sin B}{\cos B} - \frac{\sin A}{\sin A} = \frac{\sin C}{\cos C} - \frac{\sin B}{\cos B},$$

即
$$\tan B - \tan A = \tan C - \tan B,$$

或
$$\tan A + \tan C = 2\tan B,$$
故 $\tan A, \tan B, \tan C$ "亦为算学级数"。

第四编"三角函数之几何"11题,探讨了三角公式的几何原理,涉及和较关系与边角关系。根据三角数理,和较关系与边角关系分别以和角公式与正弦定理为基础,然而三角函数之几何并未论及后者。

在上一编,薛光锜曾令 $\beta = \alpha$,由和角的正弦、余弦公式得出倍角的公式。但是在他看来,数理算不上原理,这里还需"作图以明其理"。令
$$a = r\sin 2\alpha, \quad b = 2r\sin^2\alpha,$$
则
$$\sin 2\alpha = \frac{a}{r} = \frac{1}{r}\sqrt{b(2r-b)} = 2\sin\alpha\cos\alpha,$$
$$\cos 2\alpha = \frac{r-b}{r} = \frac{a^2-br}{br} = \cos^2\alpha - \sin^2\alpha.$$

这是"准几何理",可以"中学为体",其理与古代的弧矢算术一致。在中西体用之间,晚清学者无法接受数理作为原理,虽然他们接受了数理作为方法。

第五编"三角形各角之关系"24题,讨论内角的三角函数关系,是在第三编的基础上,令内角和为180°所得。例如,由
$$A + B + C = 180°,$$
有
$$\tan(A+B) = -\tan C。$$
即
$$\frac{\tan A + \tan B}{1 - \tan A \tan B} = -\tan C,$$
故
$$\tan A + \tan B + \tan C = \tan A \tan B \tan C。$$

第六编为"三角形边角之关系",讨论边角关系凡71种,是在和较关系中引入正弦定理所得。[①]例如,
$$\frac{a-b}{c} = \frac{\sin A - \sin B}{\sin C}$$

[①] 至于正弦定理的证明,则与《三角数理》完全相同。

第四章　中西会通的结果

$$=\frac{2\cos\frac{A+B}{2}\sin\frac{A-B}{2}}{2\sin\frac{C}{2}\cos\frac{C}{2}},$$

因 $A+B+C=\pi$，由"三角数理第十二八款"有

$$\cos\frac{A+B}{2}=\sin\frac{C}{2},$$

故

$$(a-b)\cos\frac{C}{2}=c\sin\frac{A-B}{2}。$$

特别地，令

$$c^2=a^2+b^2,$$

薛光锜由一般边角关系得出"丙为直角"的情形，中算家的勾股和较术由此得到说明。

第七编为"相消法"，利用三角函数的各种性质，化简恒等关系凡 24 式。例如，

$$a\cos x+b\sin x=\sin 2x,$$
$$b\cos x-a\sin x=2\cos 2x,$$

要求消去 x。两式各自乘，相加得

$$a^2+b^2=\sin^2 2x+\cos^2 2x+3\cos^2 2x$$
$$=1+3\cos^2 2x,$$

即

$$2\cos^2 x=1+\sqrt{\frac{a^2+b^2-1}{3}}。$$

两式分别乘以 $\sin x$ 与 $\cos x$，相加得

$$b=\sin x\sin 2x+2\cos x\cos 2x$$
$$=\cos x(1+\cos 2x)$$
$$=2\cos^3 x,$$

即

$$\sqrt[3]{2}\cos x=\sqrt[3]{b},$$

故

$$\sqrt[3]{2b^2}=1+\sqrt[3]{\frac{a^2+b^2-1}{3}}。$$

第八编"反函数之要例"15 题，讨论反三角函数的恒等式，所据基本关系只有

$$\tan^{-1} x + \cot^{-1} x = \frac{\pi}{2}$$

给出证明,用到两角和的余切公式

$$\frac{\cot(\tan^{-1} x)\cot(\cot^{-1} x) - 1}{\cot(\tan^{-1} x) + \cot(\cot^{-1} x)} = \frac{\frac{1}{x}x - 1}{x + \frac{1}{x}}。$$

第九编"圆函数方程式之解法"32 例,"圆函数"是三角函数与反三角函数,方程的解为"同数"。同数既有函数值也有系数值,而角的同数取决于三角函数的周期性

$$\sin[n\pi + (-1)^n x] = \sin x,$$
$$\cos(2n\pi \pm x) = \cos x, \quad \tan(n\pi + x) = \tan x。$$

例如,

$$(1 - \tan x)(1 + \sin 2x) = 1 + \tan x,$$

求 x 的同数。原式可化为

$$(\cos x - \sin x)(\cos x + \sin x)^2 = \cos x + \sin x,$$

故

$$\sin x + \cos x = 0, \quad \tan x + 1 = 0,$$

或

$$\cos^2 x - \sin^2 x = 1, \quad \cos 2x = 1,$$

由此即得所求

$$x = n\pi + \frac{3}{2}\pi, \quad x = 2n\pi。①$$

又如,

$$\tan^{-1} \frac{x}{a} + \tan^{-1} \frac{x}{b} + \tan^{-1} \frac{x}{c} = \frac{\pi}{2},$$

求 x 的同数。令

$$\alpha = \tan^{-1} \frac{x}{a}, \quad \beta = \tan^{-1} \frac{x}{b}, \quad \gamma = \tan^{-1} \frac{x}{c},$$

则

$$\tan(\alpha + \beta) = \tan(\frac{\pi}{2} - \gamma),$$

即

---

① 这里 $x = n\pi + \frac{3}{2}\pi$ 应为 $x = n\pi - \frac{1}{4}\pi$ 或 $x = n\pi + \frac{3}{4}\pi$ 之误。

| 第四章　中西会通的结果 |

$$\tan\alpha + \tan\beta = \frac{1-\tan\alpha\tan\beta}{\tan\gamma},$$

故

$$\frac{x}{a}+\frac{x}{b}=\frac{c}{x}(1-\frac{x^2}{ab}),\quad x=\pm\sqrt{\frac{abc}{a+b+c}}。$$

第十编"级数求和",凡 24 题,或由三角函数的和较关系确定,或由反三角函数的恒等关系确定。例如,

$$\sum_{k\geqslant 1}\tan^{-1}\frac{a}{1+k(k-1)a^2}=\frac{\pi}{2},$$

是由反正切公式

$$\tan^{-1}\frac{ka-(k-1)a}{1+k(k-1)a^2}=\tan^{-1}ka-\tan^{-1}(k-1)a$$

所得,无穷大被引入普通算术

$$\sum_{k\geqslant 1}\tan^{-1}\frac{a}{1+k(k-1)a^2}=\tan^{-1}\infty=\frac{\pi}{2}。$$

最后一编"不等式与极大极小"共17题,前者讨论函数而后者讨论极限,却没有涉及连续变量的概念。例如,已知 $x=0$,求 $\frac{\sin x}{x}$ 之函数,其解如下。由 $\sin x < x < \tan x$,有

$$1 < \frac{x}{\sin x} < \frac{1}{\cos x}。$$

但 $\cos 0 = 1$,故

$$\left.\frac{x}{\sin x}\right|_0 = 1 \Rightarrow \left.\frac{\sin x}{x}\right|_0 = 1。$$

极限问题被归结为代数问题,其中 x 对应于常量而非变量。

无论如何,三角学的基本概念至此进化为三角函数,虽然没有明确的定义。在代数演算时,薛光锜用比例的概念,在几何论证时则用线段的概念,并保留了割圆术基础。他接受了代数方法但拒绝了形式主义,没有采用欧拉公式,这是"中体西用"的另一种选择。

综上所述,西算概念的引进与发展之间存在偏差,原因是概念的发展与实用的需求之间存在偏离。实用知识与形式定义无关,在概念进化过程中,理论与实践不相干。除非有关概念可持续发展,不然实用知识的增长最终会陷入收益递减的境地,"中体西用"的结果为此提供了一个例证。

第二节 教育改革

中西会通促进了晚清数学的发展，但是在此基础上的发展存在一个阈值。数学会通的目标是技术收益最大化，基本原则是"中体西用"，两者之间存在冲突。数学的发展受到考核技术的制约，发展教育可以提高考核技术的水平，然而教育改革受到"中体西用"的制约。最终技术的发展陷入收益递减的境地，由此导致学制变迁，西用破坏了中体。

一、技术压力

在古代，缓解人口对资源的压力基本上依靠战争与瘟疫，缓解压力的关键是人口的变化，而不是资源的扩张。近代西方开始转换模式，模式转换是由技术变化引起的，技术的进步可以扩张资源的基数。全球经济一体化进程由此发端，随着近代西方的海外扩张，中国也被卷入其中。

在鸦片战争前的一个世纪里，中国人口由 1.5 亿增加到 4 亿[65]，对土地构成了很大压力。假如技术条件不变，中国或许还能重复循环传统社会结构，即使改朝换代也将自然经济进行到底。然而技术条件发生了变化，由于存在稀缺与竞争，西方技术无法禁其东来，除了引进别无选择。为了发挥技术的潜力必须提高组织的效率，中国再也不可能按照传统方式重建社会，虽然制度创新的过程漫长而又曲折。

中国近代的技术变化是由内部竞争引导的，内战引起战争双方的技术竞争，西方的闯入为此提供了外部条件。清代中期以前，年交易额上千万两的商品据估计只有 7 种，这说明了当时中国市场的规模。其中粮食约占商品值的 40%，而棉布与盐约占 39%，这说明了当时中国市场的特性。棉布与盐的生产者并未脱离农业，交换主要是在农民之间进行的，基本上是粮食同盐布间的交换。[66]起初，西方所占市场份额并不大，原因是交易费用太高，包括种种敲诈和勒索。例如，英国棉布，年输入额还不到 1 万两，因为消费价可以达到商品值的两倍以上。然而英国通过发展技术，不断降低生产成本，至 19 世纪 30 年代初，年输入额突破 30 万两。从此，在中英棉纺织品贸易中，中方由顺差变为逆差，并且逆差不断扩大。[67]

一方面，英国生产持续发展，急需扩大中国市场以便甩出过剩产品；另一方面，天朝上国无所不有，自然经济自给自足，无意扩展国际贸易。英国屡次遣使访问，谋求减少通商限制并降低交易费用，甚至要求割地。乔治三世在给乾隆皇帝的信中表示，英国的目的不在扩张领土或者寻求财富，而在交流技术与传播知识。[68]马嘎尔尼勋爵率团来访，随团带来不少器械作为礼物，它们代表了当时英国的技术水平。但是，乾隆皇帝并不领情，在发展科学技术与维护天朝体制之间，存在难以调

第四章 中西会通的结果

和的矛盾。清廷坚持闭关锁国，一口通商，公行代理。不过，行商与外商之间存在共谋，如同官员与行商之间存在共谋，他们都有与其政府不同的效用函数。鸦片贸易始终是一个难题，禁令使它绕过公行，反而导致进口猛增。官员发现，在分割好处时自己却被排除在外了。于是，缉私艇与走私船之间，不断发生武装冲突。

外交努力无济于事，英国决定诉诸武力，强行打开中国的大门。鸦片战争的胜败只和实力有关而与目的无关，实力只和技术有关而与人数无关。开战时英军不过4000人，军舰不过16艘，却装备了540门火炮。此外，还有4艘武装轮船，1艘运兵船和27艘运输船。[69] 1841年8月，英军驶抵天津海口，而山海关尚无一门大炮可用。凭借军事技术优势，英国人得到了极大的好处，甚至超出原计划索要的权益。

随着交易费用的降低，英国商品的竞争力大为增强，中国的民族手工业饱受摧残。丧权辱国令人感到引进技术的必要性，但这并未成为国策，直到出现极度危险的内部竞争者。

太平天国的出现，使得二人对局变为三方对抗。任何一方都不可能同时吃掉另外两方，同时，任何两方都可能联合吃掉另外一方。然而大清帝国无法与太平天国合作，因为他们想要控制的是同一片天下的资源。洋人的目标是要保护自己在华的既得利益，太平天国虽然不限制通商，却不肯承认洋人的条约和权利。所以，他们不可能合作打江山，然后分享天下。

洋人遂发现，最佳方案是趁机向朝廷索要更多的权益，然后帮助清军除掉太平天国。由于担心洋人会助逆犯顺，清廷不肯轻易就范。于是，洋人再次动武，清军不敌只好谈和。洋人得到了所要的一切，清军得到了新式武器，太平天国成为共敌。定都南京以后，太平军开始更新武器，陆续装备洋枪洋炮。作为他们的主要对手，湘军和淮军于是也不得不突破夷夏大防，加紧装备新式武器，毕竟打胜仗才是硬道理。

经过10年的内战，朝廷看到，新式武器的效用果然不同凡响。由此联想到，发展军事技术不仅可以镇压农民武装，而且日后还可用来对付洋人。1861年，引进技术成为政府的决策，一批军工企业随之而起。

冷兵器的一个优点就是维护费用较低，几乎可以不变成本反复利用。新式武器则不然，它有赖于一次性消耗品，除非源源不断地补充弹药，否则不能发挥正常的功能。生产新式武器所需原料较多、技术要求较高，导致军费开支大增，又因管理跟不上，生产成本居高不下，财政压力越来越大。

军费通常靠关税，另外还要靠"搜刮"。两次鸦片战争的结果使得关税税率大跌，税收增量有限，无法满足日益增长的军费需求。搜刮的办法此时也已行不通了，因为"军兴以来，凡有可设法生财之处，历经搜刮无遗"[66]，民间已经找不出钱财可供搜刮。无论如何，军费问题必须解决，否则无以生存。

最终，洋务派想到另一种生财之道。根据西方的经验，他们提出扩大技术引进的范围。西方民用技术虽属技艺之末，却可用来"振兴工商"。发展近代工商业既可与洋商争利，又可作为军费来源之一，而且冶金、矿业和运输业的发展还能降低军火生产的成本。19世纪70年代，清政府开始加大技术引进的力度，以期全面实现近代化。

引进的过程中存在一定的风险，项目的评估与设备的鉴定无不需要相应的知识，而代理利益与国家利益不尽一致。掌握知识存在规模效益，可以取代高薪洋员，降低生产成本；可以自主开发国内资源，从而"权自我操，利自我开"。有些人感到，知识的扩张至少应当与技术的引进同等重要，因为技术的发展建立在知识存量之上。另一些人则以为要点在于"制器尚象"，基础知识只不过是西学的皮毛，于实用无大裨益。曾国藩等觉得"洋人制器出于算学"，因为制器有赖于格致而数学说明了格致原理。他的意见很有代表性，那时许多洋人也都认为数学与科学相似，可用于收益最大化。

总之，人口与土地的紧张关系导致内部竞争激化，内部和外部的竞争打破了清朝正常的财政平衡。实现近代化是唯一的出路，知识的扩张是技术进步的需求。人们逐渐意识到，"除非基础知识存量扩张，不然新技术的发展最终会陷入收益递减的境地"[70]，虽然朝廷未能达成这样的共识。

截至近代，由于中西数学会通，知识存量与结构已有较大变化。然而代数问题受到实在现象的支配，三角知识受到几何概念的制约，一般关系未能成为主要的目标。晚清数学的扩张主要表现在符号代数、解析几何及微积分的引进上，是由两种不同需求决定的，其一相对独立于新技术的开发。

为了扩大新教的影响，1859年墨海书馆出版了《代数学》和《代微积拾级》。为自强图存，江南制造局从1872年开始陆续刊行《代数术》、《微积溯源》、《三角数理》及《决疑数学》。这些译著的内容与形式跟过去的中西两家之法都不一样，数学对象主要是一般关系，新方法、新概念和大量符号被用来建立这样的关系。传统数学无法解释这些结果，而中算的结果却能由此得到说明，因此，以之取代中算是合理的。然而，这一进程并不顺利。思想观念的冲突固然是原因之一，数学语言的障碍也是不容低估的，中算家的表达形式尽量保持中国特色。例如，分数记法，往往"上法下实"，这是"中体西用"的结果。

符号代数的传入改变了中算知识的结构。据此，晚清学者重新解释古代的结果，引起中算概念的显著变化。在中算史上几何问题常用代数解法，中算家不难接受解析几何的思想,因为横直两轴就像天地二元。不过,二元术未能预见到解析几何的全部内容,中算不曾将平面上的点对应于实数序偶,因而无法在曲线与方程之间建立一一对应关系。解析方法本身没有引起太多关注,晚清学者对其结果更感兴趣,并完成了圆锥曲线的综合研究。微积分依赖于级数展开式,而级数的收敛性却没有涉及,也未涉及函数连续、可导与可积的条件。函数关系不是传统数学研究的对象,晚清学者以多项式方程解释函数,然而方程的未定元对应于常量而非变量。由于忽视其中极限与无限的讨论,中算家未能充分理解连续变量的概念,函数概念尚未真正建立起来。

直到清末,中算家还没有真正掌握数学分析方法,引进的微积分也不完善。学者虽然忽视了分析方法,却很重视它的结果。李善兰认为,微积分是"算学中上乘功夫",可以取代此前一切中西数学知识。夏鸾翔对某些积分的结果特别感兴趣,认为是几何学中上乘功夫,能把"无法之形"化为"有法之形"。夏鸾翔"细寻微积分奥窍"并"疏而演之",撰成《万象一原》,给出曲线形和曲面形的度量结果"凡一百余术"。书中被积函数往往展成泰勒级数并逐项积分,然后以传统术语保存结果。这样的保存形式也许便于应用,却掩盖了展开式系数与和函数的关系。逐项积分要求和函数具备一定的分析性质,泰勒展开要求余项满足一定的条件,夏鸾翔对此没太在意。

在半个多世纪里,晚清学者一直在"中西体用"之间寻求高效、安全的数学知识,这种努力直到清末民初也未达到令人满意的效果,最终不得不放弃"中西体用"的模式。

二、社会条件

知识的扩张可以不受任何成文法的约束,但人权和产权的效率足以影响知识增长的速度,而国家要对人权和产权的效率负责。因此,国家的存在既是保障知识生产可持续发展的关键,也是造成人为衰退的根源。晚清数学的发展虽然受技术需求的引导,但是缺乏激励机制,数学会通效益递减。

大清帝国继承了足够丰富的宗法遗存,政府起用大批汉臣进一步强化了宗法意识,这说明了晚清社会的初始条件。直到近代以前,中国并没有真正感受到域外文化的竞争压力。统治者的竞争对手,或者来自相同的文化背景,或者很快被同化于该背景中。既然不受外部竞争约束,统治者只需争取垄断租金最大化,无需操心社会产出最大化。人权和产权的结构,不会因为效率不高而危及帝国的生存。

由于技术变化率不大,虽然历经朝代更替,帝国依然能够延续。保持较小的技术变化率可节省制度创新的费用,有利于维持传统的等级秩序和产权结构,可使垄断租金最大化。由于存在交易费用，提高产权效率未必就能增加税收。不同的产权设计有其不同的考核成本，考核成本越高租金消耗越大。加大这方面的投入力度也许有利于社会产出最大化，却未必有利于垄断租金最大化。

虽然不受外部竞争约束，但统治者仍受内部竞争约束。人权和产权的结构与稳定，由此得到说明。传统社会的和谐有赖于相对价格的稳定，人有大小之分，大人与小人的尊严不同而且不变。掌握这种和谐理论可以优化生存状态，破坏这样的和谐秩序将会受到严惩，包括肉体消灭。竞争与合作的基本形式由宗法关系决定，纳税人的机会成本由上下尊卑决定，谈判实力由其暴力潜能决定。

宗法集团在暴力方面具有比较优势，君子集团在代理方面拥有特殊地位，农民纳税基本上没有讨价还价的能力。君子志在"治国平天下"，帮助国家控制天下资源，因而成为统治者的理想代理。代理集团由正人君子与伪君子构成，他们通过科举及捐纳等途径获得功名，正式或非正式地行使代理权力。由于效用函数不尽一致，统治者在其代理身上总要耗费一部分垄断租金，为此出台相应的法规，仍要耗费部分租金。一旦成本超过预期收益，统治者就会允许竞争激化的产权状况出现。

内部竞争的两个主要来源就是宗法集团和代理集团，它们都能破坏帝国的资源配置。维护宗法关系存在规模效益，可使统治者的垄断租金最大化，然而它是内在不稳定的。

宗法势力的扩张常常会破坏要素市场上的所有权结构，致使大批纳税人破产流亡，从而影响国库收入。作为垄断性的转让支付，帝国保护代理人取得对部分土地资源的控制权。官僚地主的产生，可能是因为这种组织形式的考核费用较低，代理人于是成为统治者的潜在竞争对手。这种竞争对于土地所有权的行使构成很大压力，逐渐造成有利于代理集团的资源配置，通常是以牺牲效率为代价的。

在维护宗法利益和代理利益的产权结构，与限制宗法势力和代理权力的有效机制之间，存在着持久的冲突。这种矛盾是低水平重复自然经济的原因之一。帝国之所以改朝换代，社会之所以简单再生产，往往根源于此。

中国古代的农业规划是最小成本解决问题的方案，统治者只要维持社会安定，经济增长往往会自动实现。因此直到近代，地方官员的首要任务仍是保持安定团结，这对稳定的税收至关重要。官员升迁的机会很少来自改革创新，锐意改革者也许会断送自己的前程，因为他有可能冒犯地方绅士，破坏安定团结。权力的高度集中常导致效率的丧失，下层裹足不前而上层僵化失灵，这是"人治"造成的结果。

帝国税收并未形成预算与审核制度，征收额度往往要根据有关各方利益关系而定。制度化的腐败现象，源于外敬远大于法定收入。实施这种农业规划，必须限制商业竞争。对于高额利润的行业，随时准备加以垄断或者课以重税。国际贸易可有可无，对货物进口与出口征收同样的税款，统治者并不指望出口创汇。扩大出口虽然可以增加财富，但是商业竞争的加剧也会引起相对价格的变化，能使维持社会秩序的成本增加。

商人除非买通官吏，否则得不到保护。投资环境没有保障，资本积累难以完成。出口商品均为劳动密集型产品，虽然节约资源，却不利于技术革新。技术革新为君子所不屑，君子倡导意识形态并垄断知识，不玩奇技淫巧。农民则无力开发新技术，他们缺乏必要的知识和资源，私人收益与社会收益的偏差也使他们缺乏更新技术的动力。[71]

近代中国遭受西方技术的强烈冲击，社会矛盾空前加剧，最终导致传统社会解体。由于摊丁入亩及其他因素，鸦片战争前的一个多世纪里人口增长两倍，并且仍在增长。然而耕地却没有增加多少，基本上保持乾隆时期的规模，且人均面积呈递减趋势。由于技术变化率较小，资源的基数无从扩张，过剩人口成为日益严重的社会问题。外部竞争的激化，导致千古未有之变局。鸦片战争的结果是，造成众多手工业破产，过剩人口问题变得更加严重。太平天国运动爆发时，人均耕地已不足1.8亩。据专家估计，当时人均3亩方可维持生计。[66]鸦片战争赔款使得中央财政吃紧，一部分费用被转嫁到农民头上。地方代理趁机横征暴敛、中饱私囊，使得农民原已苦难深重的生存状态更加恶化，终于引发了又一轮的周期振荡。

军事技术的变化引起国内暴力潜能的重新分配。通过镇压太平天国，暴力上的比较优势，由宗法集团转移到了代理集团方面。随着代理权力的扩张，原来非正式的基层代理被合法化，据分析这是仅次于控制的最佳选择。[72]地方代理不但掌握了生杀大权，而且掌握了本地财税大权，形成尾大不掉之势。

战乱未能有效缓解人口对土地的压力，战后人均土地曾经一度达到2.7亩，不久又恢复到1亩多。由于产权的界定不够清晰、明确，资源配置仍向代理集团倾斜，全国大部分地区的农业生产效益递减。

腐败造成了晚清帝国的衰落，主张经世致用的学者以维护帝国统治为己任，开始关注帝国政策及其效果。既然农业税不足以维持帝国的财政平衡，清政府不得不转而依赖商业税，为此必须设法振兴工商。传统的管理模式对此不再适用，然而模式转变尚需时日。制度创新有待于足够的技术变化，有待于技术潜力足以压迫组织形式。

从19世纪70年代开始，进出口贸易迅速增长，促进了国内商品的流通。进出口贸易的增长带动了航运业的发展，扩大了商品流通的范围，国内市场由此扩大。航运业推动了船舶修造行业的发展，船舶修造业带动冶金、铸造和机器制造业的发展，由此引起一系列变化，加速了传统经济结构的瓦解。

另外，除了个别的例外情形，新式工业的效益一直不理想。规模较大的企业由官方控制，由于受到组织形式的制约，它们没有经济效益可言。民营企业规模较小，由于资本及技术条件的限制，它们缺乏与外资企业竞争的实力。

无论如何，至清末新兴行业带来了可观的社会变化，传统的士农工商结构逐渐解体。许多商人成为买办，官僚办厂成为企业家，绅士经商成为资本家。不少君子办学堂当教师，做报刊记者或编辑，清末状元张謇甚至办起近代实业集团。

代理集团的主要成员历来都是君子，社会的变动导致君子分化，动摇了帝国统治的根基。激进的君子意识到，除非制度上作出相应的调整，不然经济改革注定不能成功。稳健的君子感到，改革必须"中学为体"，否则"纪纲不行，大乱四起"[73]。保守君子坚持仍以圣学治国、平天下，反对一切社会变革。直到面临亡国之祸，政府才开始尝试改革，但却为时已晚。外贸、关税及内河航运此时已被列强控制，许多地区已被列强开发而沦为半殖民地，改革的机遇已同主权一道丧失了。

由于地方财政不受中央控制，清政府无力支付改革的高额费用，强大的保守势力使任何改革措施都难以真正执行。帝国已是积重难返，甚至"腐朽到不可能在立宪体制下生存下去的状态"[73]，所以真正的变革还需要借助暴力手段。政府领导的改革没有成功，却孕育出革命力量，最终导致帝国覆灭。

总而言之，西方技术的冲击加重了过剩人口压力，同时也提示了解决问题的途径。技术更新引起经济结构的变化，进而引起社会变迁，最终导致制度创新。

晚清数学活动受到技术需求的引导，但没有形成有结构的激励制度，数学会通方式逐渐发生了变化。早期会通纯属自发行为，自选课题、自筹经费、自行解决出版问题。国家可无偿获得会通结果，而不承担任何成本，这是会通工作效益递减的原因之一。会通工作的动力全都来自偶然的好奇，会通工作的保障全靠学者间的相互支持。不久，会通工作呈现出效益递减的趋势。由于缺乏制度保障，自发会通难以为继。

随着自强运动的发展，数学成了可以谋生的学问，而且搞数学变得越来越体面。于是，清末算书汗牛充栋，会通之作比比皆是。它们均以传统数学问题及其表现形式为体，以西方初等数学为用。变化主要表现在数学概念和方法上，至于数学内容，则反不如早期工作的水平。例如，解析几何、微积分及概率论，它们难以"中学为体"，因此几乎无人问津。直到留学生回国为止，人们持续在"中体西用"之间徘徊，虽然他们并不确信数学需要"中体西用"。

在半个世纪里，考核技术的水平没有得到明显提高。由于考核不可能完全，数学活动的规则只好取决于意识形态，于是陷入"中西体用"之间，结果导致效益递减。

三、文化背景

自从汉代罢黜百家以后，儒学的观念就顽固地粘附在国内竞争与合作的规则上。每当考核不可能完全，或完全不可能时，政府便会选择儒学作为决策依据。

知识有时能以纯粹偶然的方式产生，并且可以引起技术的变化。因此，在帝国统治者看来，发明创新可以小本经营或者无本经营。制度上的安排虽然可保障知识生产的稳定性，但是持续的知识增长也许会使意识形态多样化，从而会使维持社会秩序的成本上升。统治者为此采取了一系列措施，如"重农抑商"以期稳定相对价格，罢黜百家以设高度信息费用，独尊儒术以便保持意识形态的一致性。

儒家学说适合中国的国情，儒家经典因而被认为包含了全部真理。天人感应说解释了帝国的产权结构和交换条件的公正性，修身、齐家、治国、平天下的理论启示了人治之道及治人之道，伦理纲常展现了宗法社会的结构与稳定。儒家认为，小人与大人的尊严、机会成本，不同而且不变。这是因为生死由命，富贵在天，相对价格的任何变化都是命中注定的。不过学而优则能改变机会成本，进而可以优化生存状态。

由于它的灵活性，儒家思想在帝国的内部竞争中取得支配地位，不仅得到统治者的支持而且得到君子的拥护。在漫长的古代，所有与之对立的理论都未能取代它，这并不纯粹是暴力与压制的结果。儒家学说相对成功地解决了搭便车问题，古代社会的稳定性立足于此。因此，选择儒学作为决策的依据非常重要，当考核不可能完全或者完全不可能时尤其如此。

科举制度是规则取决于儒学的例证，这是因为代理集团的构成有多种选择，而以业绩考核为基础的组织效率最高。考核范围包括政治学和社会学，而不涉及科学与数学，因为此类资源的范围无法精确测定。

人类好奇的天性也能导致新技术，然而新技术的发展并不完全是自主的，它取决于科技组织的效率，可持续的发展必须由有结构的制度所规范。中国古代的制度结构极其稳定，是因为规则取决于儒学，从而保持技术变化率较小的缘故。

新技术虽能用于收益最大化，但是也能导致交易费用上升，乃至压迫社会生产的组织形式。因此，儒学立国之道"尚礼仪不尚权谋，根本之图在人心不在技艺"，力图控制技术变化以免交易费用引起制度变迁。

技术的进步只能建立在知识存量之上，知识增长却能相对独立于技术变化。在中国古代，知识的产出与更新之间、技术的发明与发展之间存在偏差，原因是知识的扩张与技术需求之间存在偏离，发明创新过程中理论与实践不相干。

晚清学者注意到，近代技术有其西学原理，掌握近代技术需要引进西学知识。不过，西学虽然可以发挥其技术潜力，但是也会冲击传统观念，乃至破坏伦常名教。

因此，儒者一再强调"华夷之辨不得不严，尊卑之分不得不定，名器之重不得不惜"。他们极力反对"师事夷人"，以免西学观念引起价值变迁。外部竞争的技术条件虽然发生了很大变化，他们并不觉得国运与此有关，以为仍可维持传统结构。

古代的经验表明，发挥技术优势可以用夏变夷，坚持儒学传统可防用夷变夏。晚清君子据此作出不同的判断，导致君子分化。热心洋务的君子感到，夷夏大防取决于技术条件，西学可补儒学，有利于维护传统。其他君子觉得，夷夏大防取决于意识形态，西学离经叛道，危害君国社稷。无论如何，在坚持儒学传统方面君子保持着一致。

尽管洋务派掌握着暴力优势，但他们无意破坏传统秩序，因为等级结构有利可图。至于西方技术，既然无法禁其东来，只有引进，别无其他选择。而且，由于传统知识无法解释近代技术，也不可能"节取其技能而禁传其学术"，只能"以中国之伦常名教为原本，辅以诸国富强之术"。于是，在洋务运动期间，"中体西用"成为他们的基本论式。

关于"诸国富强之术"，洋务派逐渐认识到，谋强必先求富，求富莫如发展技术。不久，由技术引导的西学知识超出了格致范围之外。1875年，郭嵩焘指出，西方技术的发展有其制度化规范。根据中国国情，他提出先通"商贾之气"，为"循用西法"创造社会条件。郭嵩焘的见解和主张超越了那个时代，不但顽固君子无法接受，即使洋务君子也难以接受。君子坚持儒学传统，不求社会产出最大化，但求多捞一份垄断租金。

儒学立国是以生产关系为本，生产力为末，组织形式压迫技术变化，而非相反。郭嵩焘建议循用西法，使人权与产权状况适应于技术发展的要求，这有利于社会产出最大化，却与儒学传统背道而驰。在随后20年里，学者试图为之谋取合法地位。他们的努力虽然未能达到预期效果，但却使"中体西用"论的内容发生了变化。中体被抽去制度因素以后只剩下儒学信条，西用则被扩充到足以包含人类活动的规则在内。这表明他们确信能使规则独立于意识形态而无损于传统价值，虽然不确定传统价值是否可以根据经验来调整。

实践表明，儒学立国难以洋务自强，困难不在于儒学本身而在规则取决于儒学的传统。为此，必须以某种新学来替换儒学，还需要借助暴力手段，二者缺一不可。"康梁新学"突破"中体西用"的模式，试图调整传统价值，却遭到猛烈的围攻。新学旧学之争主要表现在人权或民权方面，要点在于对政府决策的影响力。新学认为，发展是硬道理，降低交易费用是发展的要求，因此规则应当与时俱进。旧学认为，这是本末倒置，因为发展的前提是稳定，稳定的条件是保持传统的组织形式。

新观念引起保守派的激烈反应，因为"倡平等，堕纲常也；伸民权，无君上也"，

第四章 中西会通的结果

而且"吾人舍名教纲常,别无立足之地,除忠孝节义亦岂有教人之方"[73]。新旧之争取决于洋务派的态度,以其暴力潜能最大。洋务派同样抵制民权,民权扩张势必激化内部竞争,不利于官僚垄断西用。保守派与洋务派之间不存在类似的关系,前者无损于后者的垄断利益。于是,"中学为体"成为他们的共同语言。

激进的学者认为,体用不可分离,体弱无法用强。天在变,道亦在变,治道、人道不能不变。维新变法失败之后,保守派得以全力巩固中体。不料,他们的一切努力在八国联军的炮口下不堪一击。民权思想未能除尽,反而激起民主主义。革命派不大受儒学思想的约束,为了实现民主,他们不惜使用暴力。

1901年,海外爱国学者指出,"今日固竞争之世界",竞争不可避免,国家不进则退,并认为中国陷入存亡不能自主的境地,纯属咎由自取,不能怨天尤人。至于"自取之由",远因在于缺乏自由,近因在于缺乏民主。缺乏自由使人不敢"一言及于民权",缺乏民主使人"违心易说,巧营利禄",组织效率因而递减。[73]爱国志士极力倡导自由,力图消除国民之奴性,以便重新分配暴力潜能。

清末"新政"未能实现学术自由,办学原则仍为"中体西用",张之洞甚至还要禁传西方哲学。严复觉得,"中体西用"有如牛体马用,无法实行。他认为,近代西方技术及其制度规范,均以科学为本,而非"西政为本西艺为末"。所以,他主张"统新故而观其通,苞中外而计其全",唯科学是重。王国维指出,学术自由是知识增长所必需的,学问只有真伪之别,而无中西之分。他认为,中学可因西学研究而益明,恰如儒学可因国学研究而益明。所以,他主张学问"必博稽众说",唯真理是从。

20世纪初,爱国学者强调创新观念,提出"淬厉所固有而新之",同时"采补所本无而新之"。他们的想法得到知识进化论的支持,做学问"必求合天演界之公理",为此"不惜于古人挑战"。[73]

儒学规划了中国古代最小成本解决问题的方案,传统结构以生产关系为本、生产力为末,代价是知识变化率递减。西学东渐打破了它的平衡,"中体西用"是不得已的选择。西学可用于收益最大化,前提是以生产力为本、生产关系为末,结果是西用破坏了中体。

概念的发展表现了数学会通的意义。在19世纪60年代之前,数学会通主要是以传统方法会通西法,是为第一种会通。随着西方数学的第二次传入,中算家发现,传统方法难以会通西算新法。于是,一些学者尝试以西法解释中算,是为第二种会通。经过两种数学会通,晚清学者引进了不少西算的概念,为中国数学的全盘西化创造了基本条件。

第一种会通的结果表明,西算具有区别于西学的特性,其结果符合现象。这改变了人们对西算的看法,由此加大了引进力度,导致第二种数学会通。在两个多世纪里，西算的内容与形式已经发生了巨变，第一种会通已经无能为力。于是，中算家转而尝试第二种会通。第一种会通曾使三角学独立于天文学，然而割圆八线是被作为几何对象来研究的，三角学独立于几何学是第二种会通的结果。

数学会通曾在一定范围内取得了显著效果，然而由此引起的增长存在一个阈值，这是因为学术无法独立于政治、数学无法独立于科技。由于引导机制不同，两种会通各有千秋，第二种会通数量占优而质量不及第一种会通。第一种会通有其专业精神，没有利益驱动而有出色成果，虽然缺乏制度保障使它难以为继。相应的安排随后出现，数学成为可以谋利的学问，但是效果适得其反。这样的激励足以对保护知识产权构成很大压力，逐渐形成不利于专业发展的资源配置，从而导致效率的丧失。会通工作的效率依赖于考核技术，由于学术无法独立于政治，直到清末为止，考核技术的水平没有多大提高，第二种会通工作的效益由此限定。

另外，数学的"中体西用"无法继续，两种会通均已达到中算所能容纳的极限。由于会通结果无法满足日益增长的实用需求，中国数学不得不全盘西化。

四、数学教育

儒家六艺包括算学，算学而非数学，数学教育不在古代的农业规划之内。官方只有算学教育，没有数学教育。民间虽有数学教育，但是未能发展起来。通过数学教育的改革可以提高考核技术的水平，可以提高会通工作的效率，然而数学教育的改革受到了科举制度的制约。

直到晚清，随着军事及各种实业的发展，数学教育才引起洋务派的重视。1863年，上海同文馆开课，必修课除了外语还有代数、几何与力学等，成绩优秀者可以专攻数学。1864年，广东同文馆开馆，吴嘉善被聘为首任汉文总教习，因为中西两家的数学方法他都很熟悉。1866年，京师同文馆增设天文、算学二馆，1868年李善兰任算学教习。1876年正式规定，馆中学生要兼习数学。[74]

京师同文馆成为当时中国的最高学府，数学课程既有九章算法、四元术等传统数学内容，也有代数、几何、三角、微积分等西方数学内容。在同文馆的《算学课艺》中，设题往往保留着传统形式。至于解题，则以西法为主，表现出晚清数学"中体西用"的特点。

随后，各类新式学堂陆续出现，以应各种实业及军事需要，学员也要学习初等数学知识。19世纪末甚至还出现了一些专门的数学教育机构，如瑞安学计馆(1896)、浏阳算学馆(1897)及上虞算学堂(1898)等。[75]此外，有些私塾和教会学校也开数学课程。中国古代书院没有数学教育传统，清末出现了一批重视数学教育的书院，其中求志书院表现突出。

第四章 中西会通的结果

求志书院在上海，分设六斋，算学为六斋之一。算学斋长刘彝程(公元 19 世纪)，江苏兴化人，太学生，1873 年任上海广方言馆算学教习，自 1876 年起，在求志书院主讲数学，直到 1898 年。其学"融贯中西，而别有神悟"，著有《简易庵算稿》4 卷，在整勾股和垛积术方面取得了进步。

19 世纪末至 20 世纪初，数学教育发生了很大变化。各省纷纷建立大学，并规定出教学内容，数学课程包括几何、代数、方程论、整数论、微积分与力学等。

在古代，数学家成才的途径主要是自学或私相授受[33]，鲜有数学家出自官方教育。数学无助于功名，学者没有必要学数学，除非个人感兴趣。国学独立于数学，然而"一切西学皆从算学出"。为了采用先进技术，必须掌握数学知识。

1867 年，总理衙门着手改革数学教育，拟招正途科甲人员入同文馆学习数学。总理衙门试图在制度上作出安排，允许普通学员与正途科甲人员竞争同样的社会地位。士大夫感到这将破坏等级秩序，他们在权力结构中的既得利益受到威胁，因此激烈地反对和抵制改革。士大夫觉得，技术与知识能以不变成本源源不断地生产出来，所以他们主张成本外部化、收益内部化。作为意识形态的倡导者，他们掌握着强大的宣传机器，足以使同文馆的教育改革无法实现。经过讨价还价，最后，双方达成妥协。总理衙门拿到七品以下官衔的授予权，更高的社会地位仍由科举考试来决定。于是，同文馆得以实施数学教育，虽然效果并不理想。

技术更新与否，关系到晚清帝国的命运。但是"尽购其器，不惟力有不逮"，而且"苟非徧览久习，则本源无由洞澈而曲折无以自明"。于是，在容闳的倡议下，经过洋务派官僚的努力，1872 年中国开始选送幼童赴美留学。

容闳曾随传教士出国留学，1854 年毕业于耶鲁大学，成为第一位毕业于美国一流大学的中国人。但他"素视算术为畏途，于微积分尤甚。所习学科中惟此一门，总觉有所捍格。虽日日习之，亦无丝毫裨益，每试常不及格"[76]。

根据"游学章程"，留学生不仅要学舆图、算法、步天、测海、造船及制器等"身心性命之学"，还要"课以孝经、小学、五经及国朝律历等书"，定期由监督"宣讲圣谕广训，示以尊君亲上之义，庶不至囿于异学"[77]。然而不久，留学生的言行举止表现出西化倾向，令监督无法容忍，将事态报告政府。

留学计划需要库银 120 万两，留学生回国后将"分别奏赏顶戴、官阶、差事"，这样的资源配置势必危害科举制度。由于保守派从中作梗，这项计划半途而废。留学生来不及完成学业，便被撤回国内。其中，仅有 3 人从事教育工作，12 人后来步入仕途。他们是为洋务工作所准备，不是专为数学工作所准备，对改革的作用主要表现在技术与管理方面。早期留美学生中鲜有专攻数学者，20 世纪初则有郑之蕃、胡敦复及秦汾等主修数学。

留学欧洲始于1875年，首批留学生来自福州船政局，他们的数学才能令外国同学吃惊。严复于1877年留学英国，就读于格林尼治皇家海军学校，专攻数学和自然科学。1881年，保守势力故伎重演，试图搞垮福州船政局的留学教育，但未得逞。

1887年，两名中国留学生自费旁听巴黎高等师范学校科学课程。翌年，通过数学和物理学学位考试，但在当时却未能引起足够的重视。[77]

19世纪80年代，总理衙门尝以科学渗透科举，但是由于非激励机制，未能得手。投考算学者仍试以《四书》经文、诗、策，另出算学题目。如果算学考试成绩合格，加试"格物测算及机器制造、水陆军法、船炮水雷，或公法条约、各国史事诸题"。加试成绩合格，才能参加乡试。乡试"每于二十名额外取中一名"，但是"最多亦不得过三名"。由于成本较高而机会较少，报考者越来越少，后来"均以不满二十名散入大号"，算学取士未能达到预期的目标。科学未能渗入科举，科举却能排挤科学，同文馆学生属意科举而无心科学。[74]

1877年，马建忠发现，"近今百年西人之富，不专在机器之创兴"。他认为，国家富强有赖于制度创新，产权激励可以求富，人权激励可以求强。[78]不过，他的意见没有引起任何反响，直到甲午战败。战后教育改革顺理成章，然而改革并不顺利，从中央到地方都很艰难。

1895年，陈宝箴就任湖南巡抚，在经济开发的同时，尝试教育改革。他与湖南学政江标一起，购置天文地理、物理化学方面的设备与资料，设立舆地、算学、方言学会，试图将旧式书院改成维新人才基地。谭嗣同建议，改革"先变科举"，先在一县试点。根据他的建议，欧阳中鹄计划将浏阳县南台书院改为算学馆，学习格致诸学。江标批准了这一方案，但浏阳知县拒不执行，计划似乎未能实现。[79]

1896年，王先谦等集股创办机器制造公司。为了"推广工艺"，公司欲设学堂，计划上报陈宝箴。陈宝箴批准立案，并命名为"时务学堂"，同意由官府划拨经费。于是，学堂的性质发生了变化，由商办转为官办机构。学堂的章程由中文总教习梁启超拟定，形式上注重儒学，实际上强调西学。

1897年11月，时务学堂正式开学。学堂的课程大致分为两类：一为博通学，一为专门学。博通学包括国学，通过反复研读经典，细心体会"微言大义"，如《孟子》中的民权思想。然后，指导学生运用中外政治、法律进行比较参证，使他们充分理解变法维新的历史必然性。经过博通学训练之后，学员选修专门学，包括公法、掌故、格致及算学等。梁启超鼓励学员独立思考，要求随时札记，每隔5天上交一次，由各教习批阅评定。在梁启超的指导下，学员的札记中难免出现激进的思想倾向，而他的批语则表现出更为激烈的异端倾向。

1898年，这些具有异端思想的札记及其批语流散到社会，引起"全湘大哗"。

为了维护纲常名教,岳麓书院联合其他正统势力声讨异端邪说,要求整顿学堂、辞退梁启超等教习。为了平衡大局,陈宝箴辞退了一些教习,免去了熊希龄的学堂总理职务。随着梁启超和熊希龄的去职,时务学堂基本结束了它在维新时代早期的使命。[79]

1898年,京师大学堂成立,1902年同文馆并入大学堂。在此期间,全国各地纷纷兴办大、中、小学堂及师范学堂,数学成为必修课。"癸卯学制"确定了教育活动的规则,要求各类学堂,均以国学为基、忠孝为本,确保学生心术归于纯正,然后再学西学知识。在此规范之下,数学知识当然以"中体西用"为宜。清末数学教育仍以初等数学为主,即使大学堂也未超出初等微积分,并且仍保留着传统形式。

1905年,科举制度终于废除,同年学部成立,数学教育走向现代。1912年,北京大学数学系成立,中国现代高等数学教育正式开始。回国留学生为此提供了必要条件,其知识结构较少受到中西体用的限制。

至20世纪初,教育改革迫切需要扩充师资队伍,政府鼓励游学日本,因为"传习易,经费省,回华速"。1896年,朝廷选派13名青年留学日本。此后,留日学生逐年增加,1906年竟达上万人。清末留学日本专攻数学者相对较少,但是对中国数学教育的现代化却发挥了作用,北京大学数学系成立时由冯祖荀主持。1904年他留学日本,就读于京都帝国大学,是专攻数学最早的留学生之一。

20世纪初,留学生更为关注时事政治,主修社会科学专业多于自然科学专业。时局令他们感到,如果没有某种社会变化,恐怕找不到"可以施演所学之舞台"。政府领导的教育改革没有收到预期效果,却孕育出革命的力量,最终导致自身毁灭。

第三节 全盘西化

中算家的三角术直到1905年仍然"中学为体",但是此后情况发生了变化,变化是由教育改革引起的。废除科举制度后三角学的结构发生了变化,譬如,《平面三角法》与《三角术》,均为"西体西用",内容和形式上均与国际接轨。至民国时期,三角级数论走向现代函数论,结果更加一般化。

一、《平面三角法》

陈文(20世纪),连江人,全盘西化的先锋。所编《平面三角法》注明"中等教科",由上海科学会编译部刊行。在东京印刷,疑资料来源于日本。

《平面三角法》共10章,内容是三角函数的概念、性质与应用,包括基本关系、和较关系及边角关系,均为"西体西用"。第一章是"角之计法",首先给出三角学的定义

> 三角法者,讲三角函数之性质及应用之学科也,而依其应用之区域

分为平面、球面二部。[80]

这是中国学者关注三角学定义的最初例证之一。然后介绍角度单位与换算，所用弪与度的关系与今者完全一致。

第二章是"锐角之三角函数"，首先给出八线的定义，然后给出比例数的定义，由此说明了两者的联系与区别。三角函数采用"通用之记号"，它们"原本于腊丁语

sinus, cosinus, tangens, cotangens, secans, cosecans,

为各国所通用。惟或以 tg 代 tan，以 csc 代 cosec，不无少异"。

基本关系被区分为二重关系、三重关系与平方关系，由此可得四重关系，只需恒等变形。设 $0 < \alpha < \frac{\pi}{2}$，则 $\frac{\pi}{2} - \alpha$ 与 α 的三角函数"其同数之项"互为余函数。特殊角的三角函数值不难逐个求出，但是"后之四个可由前二个导出"。

第三章是"直角三角形"的定义、性质与解法。

第四章是"任意角之三角函数"。首先给出"角之定义"，然后给出三角函数的"普通定义"，有关概念随之一般化。角生于"廻线之运动"，角度为"廻转之量"，要点在于"角之值无制限"并且可正可负。普通定义基于直角坐标系，重点是"直线之方向"，三角函数在各象限的正负变化由此得到说明。

$2n\pi + \alpha$ 与 α 之"二边相合"，故三角函数皆有周期 $2n\pi$，前述基本关系在普通定义下"亦皆合理"。设 $A = \frac{k\pi}{2} \pm \alpha$，则 A 的三角函数"恒依下二例"

（Ⅰ）k 为偶数(0 属于此例)，则其数值等于 α 之各同名函数之数值。（Ⅱ）k 为奇数，则其数值等于 α 之各余函数之数值。[80]

若 $\alpha < \frac{\pi}{2}$，则 A 的三角函数符号"依象限定之"。

第五章是"关于两角之公式"。两角和的正弦、余弦公式为"三角函数论之大本"，称为"加法定理"，亦称"基础公式"。通过恒等变形，由基础公式得到两角和的正切公式，再由正切公式得到余切公式。此外，基础公式还说明了倍角与半角公式、积化和差与和差化积公式，甚至可化二项式为单项式。事实上，如令 $\tan\beta = \frac{b}{a}$，则

$$a\cos\alpha + b\sin\alpha = \sqrt{a^2 + b^2}\cos(\alpha - \beta)。$$

关于加法定理或基础公式的证明，我们稍后讨论。

第六章是"对数"的定义、性质与应用。

第七章是"任意三角形"，性质包括内角关系及边角关系。正弦定理取决于三角形与外圆的关系

| 第四章　中西会通的结果 |

$$a = 2R\sin A,\ b = 2R\sin B,\ c = 2R\sin C。$$

余弦定理及正切定理由此被逻辑地导出,不再依赖于几何证据。这不同于传统方法,也比《三角数理》简捷、明快。半角公式取决于三角形与内圆的关系,但是与割圆术无关,而且提供了代数证明方法。

至于内角的三角函数关系,可由内角和得到说明。令

$$A + B = \frac{\pi}{2},$$

则

$$a = c\sin A = c\cos B,$$
$$b = c\cos A = c\sin B,$$

直角三角形的性质由此得到说明。

第八章是"逆三角函数",称

$$\alpha = \sin^{-1} a$$

为"a之逆正弦",如果$\sin \alpha = a$。逆余弦、逆正切、逆余切、逆正割及逆余割"准此",统称"逆三角函数(或反函数)"。

反三角函数"有无数之值",其中的最小数值"谓之主值"。若有"正负相同之数值",则以正值为主。反函数的"一切值"取决于"廻线之位置",由于廻线位置"只有两种",故

$$\sin^{-1} a = n\pi + (-1)^n \alpha_0,$$
$$\cos^{-1} a = 2n\pi \pm \alpha_0,$$
$$\tan^{-1} a = n\pi + \alpha_0。$$

右端是"一切值",α_0为主值,由此可解三角方程式。

第九章是"三角方程式",三角方程被定义为"显未知角之三角函数与已知数之关系之方程式"。所谓解,就是"求其适于此式之角",所得之角即为"所求之解"。方程的解法分为两步,第一步"求其未知角之三角函数之值",第二步则"求其逆三角函数之一切值"。

第十章是"真弧度法",讨论真弧度与"常度"的关系。

由此可见,《平面三角法》的内容全盘西化,表现形式也与国际接轨。三角函数由汉字改为各国"通用之记号",分数亦由上法下实改为通用记法。由角度引起的函数变化,涉及"三角法之高等部分",譬如,定理"角之小变化,与其各三角函数应此之变化,殆成比例"。因其"理论高尚,运算繁杂",故"本书不具论"①。

---

① 论此定理之由来及界限,不适于本书之程度,故略之。[80]

陈文与薛光锜同为"算学界中改良之先驱"，同样主张中算西化，但他们的西化工作却有不同的表现。《新三角问题正解》属于"中体西用"，《平面三角法》则为西体西用。两部书分别在 1903 年与 1907 年出版，制度创新的作用[①]由此可见一斑。

薛光锜的三角学"正解"以几何为体代数为用，他接受了代数方法但拒绝了形式主义，因此三角数理的一些典型的方面没有涉及。在解释和较关系时，欧拉公式往往最力，却未被用于"正解"。例如，倍角的三角函数

$$\sin 2\alpha = 2\sin\alpha\cos\alpha,$$
$$\cos 2\alpha = \cos^2\alpha - \sin^2\alpha,$$

薛光锜不用欧拉公式，因为欧拉公式无法"中学为体"。

薛光锜以为，数理不能确立命题，只有几何直观才能说明三角学的基本原理。这里表现出华衡芳本人对数理观念的模糊认识。除了基本前提之外，三角数理无需任何几何证据，这使华衡芳感到数理未能"深求其理"。《新三角问题正解》的结构由此限定，和较关系的基本公式未经论证，基本概念未经定义，这是体用分离的结果。

陈文的《平面三角法》也未涉及欧拉公式，但不是"中学为体"所限，而是"中等教科"所限。事实上，他认为数理足以确立命题，因此《平面三角法》的体用是统一的。倍角公式系由和角公式所得，三倍角公式亦然，半角公式系由倍角公式所得。他没有为倍角公式提供几何解释，因为它们并不依赖于这样的解释。关于半角的正切公式，虽然通过内圆半径说明了几何意义，却又特别指出，它可作为代数结果。

不同于薛光锜的三角学"正解"，陈文三角学的体与用皆为代数，虽由直观所引导，却不为直观所支配。惟三角函数概念、加法定理与正弦定理，作为基本前提来自几何，在此基础上的其他结果均为代数关系。有关概念都有明确的定义，所有公式都有严格的论证。论证方法虽有别于《三角数理》，形式上与之完全一致。例如，加法定理，证明方法是归纳的，论证形式则是代数的。

论证分为 4 种情形：至少一角为零的情形；两个锐角之和为锐角、直角或钝角的情形；两个任意正角的情形；至少一角为负的情形。[②]如此归纳的论证不同于《三角数理》，却很像王锡阐。不过，陈文证明只有三角皆锐的情形借助于几何，其余皆为恒等变形。而且，他的几何论证与割圆术无关，代数推导则与《三角数理》一致。和差与积的关系是由加法定理"作和及差"所得，由此给出代数结果

$$\sin(n+1)\alpha = 2\sin n\alpha\cos\alpha - \sin(n-1)\alpha,$$
$$\cos(n+1)\alpha = 2\cos n\alpha\cos\alpha - \cos(n-1)\alpha,$$

---

① 1905 年科举制度废除，同年学部成立，数学教育走向现代。[81]
② 两角差的正弦、余弦公式由此得到说明。

说明了割圆连比例法的基本原理。陈文不仅实现了中算知识的数理化,而且完成了西化,这是卢靖想到而没有做到的。

关于正弦定理,薛光锜"正解"与《三角数理》相同,陈文的证明则别具一格。设三角 A,B,C 的对边为 a,b,c,O 为外圆中心,R 为半径。显然

$$A = \frac{\pi}{2} \Rightarrow a = 2R\sin A。$$

若 $A \neq \frac{\pi}{2}$,延长 BO 交圆于 A' 并连 $A'C$,则"A,A' 相等或互为补角",故

$$\sin A = \sin A' = \frac{a}{2R} \Rightarrow a = 2R\sin A。$$

同理,

$$b = 2R\sin B,\ c = 2R\sin C,$$

正弦定理由此得到说明。

《平面三角法》的结构与《三角法公式》一脉相承,内容虽然不及《三角数理》全面,但是基本概念的建设却有过之而无不及。不过,他的全盘西化主张并没有被普遍接受,仍有人迷恋图解,有关概念的发展依然任重道远。

二、《三角术》

谢洪赉(1873~1916),山阴人,翻译或者编译多种西方数学著作,譬如,几何学、代数学、三角学与微积分学。《三角术》是根据耶鲁大学"算学教员"费烈伯、史德朗二博士的 *Elements of Trigonometry* 所编译,1907 年由商务印书馆印行。

《三角术》由"平三角术"与"弧三角术"两个部分组成,共 11 章,书后有各种数表、三角公式汇录与附录。平三角术共 7 章,第一章是"三角函数",讨论基本概念与性质。角度为线之旋转量,逆时针旋转"其角为正",顺时针旋转则为负角,度量单位及其表达与今同。

<blockquote>三角函数者数也,而解之如诸线之比例。[82]</blockquote>

令角为天,则其对边与斜边之比为天之正弦,写为"正弦天"。各边可按比例伸缩,而正弦天之同数不变,它"只随角而变"。如令斜边为 1,则对边"可代表天之正弦"。

类似地,三角比例数皆"可以线代表之",线的长短"代表数之大小",线的方向"代表数之正负"。于是,各比例数都被解释为线段。线的正负,由其方向而定。角的邻边从原点向右为正、向左为负,对边自横轴向上为正、向下为负,斜边则恒为正。三角函数在四个象限的符号由此决定。

图解说明了"函数之相关",基本关系皆为线段关系,虽然它们可由定义直接导出。锐角的三角函数"以本形之边成比例显之"。类似地,4 个象限内的三角函数

及特殊角的三角函数,皆以图显之。这里没有涉及任意角的三角函数。

第二章解"正三角形",用到基本关系,边与角满足

$$a^2+b^2=c^2, \quad \alpha+\beta=\frac{\pi}{2}。$$

第三章是"三角公式",讨论和较关系,以两角和的正弦、余弦公式为基本。根据图解,若

$$\alpha<\frac{\pi}{2}, \quad \beta<\frac{\pi}{2},$$

则

$$\sin(\alpha+\beta)=\sin\alpha\cos\beta+\cos\alpha\sin\beta,$$
$$\cos(\alpha+\beta)=\cos\alpha\cos\beta-\sin\alpha\sin\beta。$$

根据代数恒等关系,二角"任有何正同数",上式"恒为真确"。又,以$-\beta$代β,则

$$\sin(\alpha-\beta)=\sin\alpha\cos\beta-\cos\alpha\sin\beta,$$
$$\cos(\alpha-\beta)=\cos\alpha\cos\beta+\sin\alpha\sin\beta。$$

由此得出"和角、较角之正切"、"倍角之函数"、"半角之函数"及"函数和较之公式",都是恒等变形所得。

设$\sin x=a$,则

$$x=\sin^{-1}a。$$

此类表达式统称为"三角反函数"。由于

$$-1\leqslant\sin x\leqslant 1,$$

若$|a|>1$,则上式无解。

第四章解"斜三角形",用边角关系,以正弦定理为基本。根据图解,任取一边为底,则二边相比若对角正弦相比

$$\frac{a}{b}=\frac{\sin A}{\sin B}, \quad \frac{b}{c}=\frac{\sin B}{\sin C}, \quad \frac{c}{a}=\frac{\sin C}{\sin A}。$$

以下各式"俱可仿此迭变之"。上式"约而并之",可得

$$\frac{a-b}{a+b}=\frac{\sin A-\sin B}{\sin A+\sin B}=\frac{\tan\frac{1}{2}(A-B)}{\tan\frac{1}{2}(A+B)}。$$

根据图解,无论A角为锐、为钝,均有

$$a^2=b^2+c^2-2bc\cos A。$$

由此可得

| 第四章　中西会通的结果 |

$$2\sin^2\frac{1}{2}A = \frac{(a-b+c)(a+b-c)}{2bc}。$$

令 $s = \dfrac{a+b+c}{2}$，则

$$\sin\frac{1}{2}A = \sqrt{\frac{(s-b)(s-c)}{bc}}。$$

类似地，有

$$\cos\frac{1}{2}A = \sqrt{\frac{s(s-a)}{bc}}。$$

以约上式，则

$$\tan\frac{1}{2}A = \frac{1}{s-a}\sqrt{\frac{(s-a)(s-b)(s-c)}{s}}。$$

第五章是"曲线代表法"。首先讨论"真弧度"，给出弦与度的关系。然后说明了三角函数的周期性，最后给出三角函数与反三角函数的图形。

第六章是若干补充公式，涉及"推对数术、推三角函数术、棣美弗之例、双曲线函数"。对数值的求法用到

$$\ln(1+x) = x - \frac{1}{2}x^2 + \frac{1}{3}x^3 - \cdots,$$

指出它的收敛区间，并实行级数变换"以推任一真数之纳对"。三角函数值的求法用到

$$\sin x = x - \frac{1}{3!}x^3 + \frac{1}{5!}x^5 - \cdots,$$

$$\cos x = 1 - \frac{1}{2!}x^2 + \frac{1}{4!}x^4 - \cdots,$$

双曲函数用到

$$e^x = 1 + x + \frac{1}{2!}x^2 + \cdots。$$

书中指出，上述无穷级数都是由"微分术"所确立。至于棣美弗之例，是由代数学中"杂糅数"所得。由此不仅"可以正弦天与余弦天为主，而得正弦卯天与余弦卯天之详式"，而且可得"单数之根"。事实上，设

$$x^n = 1,$$

则

·177·

$$x_k = \cos\frac{2k\pi}{n} + i\sin\frac{2k\pi}{n}, \quad 0 \leq k \leq n-1。$$

双曲线函数可表为

$$\sinh x = \frac{e^x - e^{-x}}{2}, \quad \cosh x = \frac{e^x + e^{-x}}{2}。$$

之所以称为"双线函数",是因为"此二者与双线之相关,一如正、余弦与平圆之相关也"。由于 e^x 的无穷级数"当天有杂糅同数时"亦成立,故有"尤拉所得之要术"

$$e^{ix} = \cos x + i\sin x。$$

若以 $\pm ix$ 代其 x,则

$$e^{\mp x} = \cos ix \pm i\sin ix,$$

故

$$\cos ix = \frac{1}{2}(e^x + e^{-x}) = \cosh x,$$

$$\sin ix = \frac{i}{2}(e^x - e^{-x}) = i\sinh x。$$

据此,凡"寻常"三角公式,皆有双线函数公式与之相应。

第七章是"杂题",供学生练习之用,涉及"函数之相关、正三角形、等腰三角形与有法多边形、三角方程、斜三角形",兹不赘述。

弧三角术共4章,第一章是正弧三角术。首先,根据图解,说明了"正三角形公式之来由"。设 A 为正角,由体角的性质得出边角关系七式,"合之"又得三式

$$\cos B = \sin C \cos b, \quad \cos C = \sin B \cos c,$$
$$\cos a = \cot B \cot C。$$

它们被归结为纳氏之术:令

$$b, \quad c, \quad \frac{\pi}{2} - a, \quad \frac{\pi}{2} - B, \quad \frac{\pi}{2} - C$$

为"弧角分件",任取一件为中件,则两旁者为倚件,其余两件为对件。于是,中件之正弦必等于两倚件正切之积,又等于两对件余弦之积。称弧三角为"象限三角形",如果有边"适为一象限"。由于它的极三角为正三角形,故可用纳氏之术解之。

第二章是斜弧三角术,根据图解,得出正弦定理,说明了公式之来由。由体角的性质得出边的余弦定理,由极三角之理得出角的余弦定理,并给出"以对数推算之公式"。

由边的余弦定理,有

第四章 中西会通的结果

$$\cos A = \frac{\cos a - \cos b \cos c}{\sin b \sin c}。$$

但

$$\cos A = 1 - 2\sin^2 \frac{1}{2}A = 2\cos^2 \frac{1}{2}A - 1,$$

故

$$\sin \frac{1}{2}A = \sqrt{\frac{\sin(s-b)\sin(s-c)}{\sin b \sin c}},$$

$$\cos \frac{1}{2}A = \sqrt{\frac{\sin s \sin(s-a)}{\sin b \sin c}},$$

其中 $s = \dfrac{a+b+c}{2}$。于是

$$\tan \frac{1}{2}A = \sqrt{\frac{\sin(s-b)\sin(s-c)}{\sin s \sin(s-a)}},$$

"递升一元字",则

$$\tan \frac{1}{2}B = \sqrt{\frac{\sin(s-a)\sin(s-c)}{\sin s \sin(s-b)}}。$$

由此可得

$$\frac{\tan \dfrac{1}{2}A}{\tan \dfrac{1}{2}B} = \frac{\sin(s-b)}{\sin(s-a)},$$

"合之约之"则

$$\frac{\tan \dfrac{1}{2}A + \tan \dfrac{1}{2}B}{\tan \dfrac{1}{2}A - \tan \dfrac{1}{2}B} = \frac{\sin(s-b) + \sin(s-a)}{\sin(s-b) - \sin(s-a)},$$

所以

$$\frac{\sin \dfrac{1}{2}(A+B)}{\sin \dfrac{1}{2}(A-B)} = \frac{\tan \dfrac{1}{2}c}{\tan \dfrac{1}{2}(a-b)}。$$

两个半角正切乘而化之,则

$$\tan \frac{1}{2}A \tan \frac{1}{2}B = \frac{\sin(s-c)}{\sin s},$$

所以
$$\frac{\cos\frac{1}{2}(A+B)}{\cos\frac{1}{2}(A-B)} = \frac{\tan\frac{1}{2}c}{\tan\frac{1}{2}(a+b)}。$$

类似地, 有
$$\frac{\sin\frac{1}{2}(a+b)}{\sin\frac{1}{2}(a-b)} = \frac{\cot\frac{1}{2}C}{\tan\frac{1}{2}(A-B)},$$

$$\frac{\cos\frac{1}{2}(a+b)}{\cos\frac{1}{2}(a-b)} = \frac{\cot\frac{1}{2}C}{\tan\frac{1}{2}(A+B)}。$$

第三章是"算题", 涉及"天文地舆"。第四章是弧三角的"实验解法", 以实物演示解题过程, 兹不赘述。

附录说明了平三角、弧三角与"假弧三角"的关系。平面区别于球面的特点在于曲率, 平面曲率为零, 而球面曲率为正。曲率为负, 则为"假球", 其上三角谓之"假弧三角"。假球是以一种曲线"环绕地轴而成者", 曲线之式为

$$y = r\ln\frac{r+\sqrt{r^2-x^2}}{x} - \sqrt{r^2-x^2},$$

其中 r 为"假球之底半径"。

假弧三角术可由弧三角术导出, 例如

$$\sin\frac{c}{r} = \sin\frac{a}{r}\sin C \Rightarrow \sinh\frac{c}{r} = \sinh\frac{a}{r}\sin C。$$

平三角术可由弧三角术或者假弧三角术导出, 只需"令函数成级数", 并使 $r \to \infty$。此时曲率"渐近于无", 球面"渐近平面, 而以之为限"。曲率"自球面过平面, 而至假球面", 由正变负, 而平三角术为"余二种三角术之限端"。

《三角术》"只供中学教授而已, 非为专家研究之用", 故"力求简捷、清楚"。正如"作者原序"所述, 《三角术》的特点可以概括如下: 所论三角术"俱极简明", 而且"演习"丰富, 公式"特为表出"。三角函数、反函数与双线函数用"曲线代表法", 弧三角用图解, 并以"新法描摹, 显豁异常"。所论"杂糅数"与双线函数"俱极新颖自在"。

角度概念与陈文的定义略同, 不同的是, 谢洪赉立足于图解。三角函数都被解释为线段, 基本关系皆为线段关系, 表现形式不同于《平面三角法》, 而与《三角

数理》一致。对于形式化进程而言，这似乎是反动的。

另外，图解仅限于基本前提，在此基础上的其他结果都是代数的。在内容上，尤拉之法为平三角术提供了数理基础，纳氏之法为弧三角术提供了形式基础。而在表达形式上，分数改为上实下法，已同国际接轨。

三、结构变化

晚清学者逐渐摆脱割圆术，接受了符号代数，但是拒绝了形式主义。废除科举以后，初等三角学全盘西化。至民国时期三角级数论走向现代函数论，其发展与经验证据无关，结果却与更广泛的经验相符合。

清末学者曾以为"三角函数即八线"，然而无论八线还是比例数，都不是函数。直到1907年以前，三角函数概念并未真正建立起来。在清末三角学中，线段与比例的概念同时得到应用，并且后者逐渐取代了前者，这是三角学代数化的结果。然而代数化并未立即引出三角函数的概念，代数方程的未定元对应于常量，而非变量。①直到清末最后几年，比例数作为函数的概念才真正建立起来。

19世纪末三角学的基本概念还是八线，同文馆1895年的考题如此，求志书院1898的考题亦然。[33]例如，"大小二弧二正弦相乘、二余弦相乘，二积相加，以半径除之，得较弧余弦"②，同文馆要求"试解之"，也即求证

$$r\cos(\alpha - \beta) = \sin\alpha\sin\beta + \cos\alpha\cos\beta 。$$

显然，基本概念是割圆八线，是由弧背定义的。

20世纪初，"三角函数"成为基本概念。然而，教育体制改革以前，三角函数有名无实。薛光锜并没有区分三角函数与割圆八线。在代数演算时，他用三角函数概念，几何论证时则用割圆八线概念。关于函数极限的讨论，没有涉及连续变量的概念，$\lim_{x \to 0} \frac{\sin x}{x}$ 被归结为代数问题。其中 x 对应于常量，而非变量，三角函数概念并没有真正建立起来。

随着日本教科书的影响日渐增强，1907年陈文引进"三角函数之普通定义"。至此，三角函数的概念才真正建立起来。普通定义的要点是比例值与角度的对应关系，为了"通于一切"，有必要"扩张角之意义"。

由同点引甲乙二直线，则其一线如乙，由甲之方位起，绕同点廻转至本方位。此廻转之量，谓之乙与甲所成之角。又乙称为廻线，甲称为本线。

---

① 函数建基于变量概念，三角函数的要点在于比例值与角度的对应关系。为此，角度作为连续变量的概念必不可少。三角函数往往被等同于线段或比例，这与它起源于割圆八线或比例数有关。然而，无论线段还是比例，都不是真正的三角函数。
② 同文馆大考试题，转引自田淼：《中国数学的西化历程》。

而廻线之运动，或与时针之运动反对或与时针之运动同样，从而其所作之角或为正或为负。[80]

角度是由"廻线之运动"生成的"廻转之量"，因此"角之值无制限"并且可正可负，它是整个区间上连续的变量。"三角函数之方向"取决于"次之规则"：

[第一] 斜边常取于廻线上，其符号恒为正。

[第二] 底边在本线上者为正，在本线之延长线上者为负。

[第三] 垂线在本线之上方者为正，在本线之下方者为负。

通过直角坐标系，陈文引进普通定义，说明了"三角函数之变化"。$2n\pi+\alpha$ 与 α 之"二边相合"，所以，三角函数具有周期性。设 $A=\dfrac{k\pi}{2}\pm\alpha$，若 k 为偶数(或为奇数)，则 A 的三角函数可归结为 α 的同名函数(或余函数)，若 α 为锐角"其符号依象限定之"。三角函数经过重新定义之后基本关系依然成立，因而在此基础上的其他结果"亦皆合理"。

三角函数的起源与八线或比例数有关，因此在概念上往往被等同于线段或比例。然而无论线段还是比例，都不是三角函数，函数只能建立在变量概念之上。陈文的贡献就是引进了两个连续的变量，要点在于各自取值的范围及其对应关系。

在清末三角学中，几何解释与代数推导两种方法同时得到运用，并且后者逐渐取代了前者。割圆连比例法被符号代数所取代，明安图变换与无穷小方法则被放弃。微积分在长达半个世纪里没有得到有效利用，尽管有些三角问题可以更好地作为分析的对象来研究。

在第二次西学东渐以前，中算家通过割圆连比例、明安图变换和无穷小方法给出

$$\sin x = x - \frac{1}{3!}x^3 + \frac{1}{5!}x^5 - \cdots, \qquad (1)$$

$$\cos x = 1 - \frac{1}{2!}x^2 + \frac{1}{4!}x^4 - \cdots, \qquad (2)$$

由此确立了显式函数关系，虽然没有形成函数概念。中算家的"半分起度弦矢率论"说明了割圆八线的基本关系、"零分起度弦矢率论"说明了和较关系的基本公式，"三角和较术"则说明了边角关系。无穷小方法用于确立上述级数，明安图变换用于级数反演。那时，三角学的基本特征便是展开形式，这种形式保持到夏鸾翔乃至卢靖。

第二次西学东渐改变了三角学的结构，中算家最终放弃了无穷级数，这与研究方法的选择有关。《三角数理》表明，三角学的基本概念不是函数，而是比例数，基本方法不是分析而是代数，基本形式不是展开的，而是封闭的。其基本关系可由定义直接导出，定义只和勾股形有关，而与割圆术无关。和较关系可由两角和的正

第四章 中西会通的结果

弦、余弦公式导出，后者仍然与割圆术不相干，并且可由"代数之常法"或欧拉公式导出。边角关系可由正弦定理导出，而后者同样独立于割圆术。数理化的三角学虽然是由直观所引导的，但不是由直观所支配的。除了基本前提之外皆用代数方法，包括代数之常法与纯形式定义，惟尤拉之法与反函数法例外。

传统数学通过图解建立等价关系，但事实不能确立命题，图解只得大略而已。清末学者接受了代数之常法，因为"得数最密"，而且更为一般、更为简单。在清末三角学中，代数与图解两种方法同时得到运用。同文馆的算学课艺常用图解，而求志书院的方法主要是代数的。[33] 薛光锜用代数方法说明等价关系，用图解说明"几何之理"，他保留了割圆术基础，以便"中学为体"。在"中西体用"之间，他接受了代数之常法，但是拒绝了纯形式定义。薛光锜没有接受尤拉之法，陈文亦然，三角函数又恢复了往日的封闭特征。

尤拉之法可以"中学为体"，事实上它与中算家的无穷小方法相通，为什么薛光锜没有加以利用？也许这是因为他未能将分析区别于代数所致[①]，如前所见，薛光锜将无穷小分析归结为代数问题。他丧失了分析的实质，唯代数方法是用，"新三角"的封闭特性由此限定。陈文不受中西体用的限制，《平面三角法》的体用皆为代数，基本前提虽有赖于图解但却独立于割圆术，这与三角数理完全一致。为什么他的三角函数同样具有封闭特征，同样避免纯粹的形式定义，也不涉及尤拉之法？这可能与上海科学会对数学教育规律的认识有关。随着日本教科书的不断输入，人们逐渐认识到，有必要区分初等数学与高等数学。作为"中等教科"书，《平面三角法》无需涉及尤拉之法，没有必要讨论欧拉公式及其推论。直到清末，由于未能掌握新型的分析方法，"三角法之高等部分"几乎无人问津。[②]

有些三角问题，通过分析可以更好地解决。例如，微分学有助于三角函数论，积分学有助于三角级数论。但是，在长达半个世纪的时间里，微积分没有得到有效的利用。这与晚清数学教育状况有关，也与中算家对微积分的理解程度有关。根据卢靖的说法，畴人对微积分"探索经年而不得其方"，因为译著"愈讲微分为何物，愈令人迷惑恍惚而不可捉摸"。[62] 薛光锜关于 $\lim\limits_{x\to 0}\dfrac{\sin x}{x}$ 的看法表明，他未能继承传统的无穷小分析[③]，没有正确理解极限方法，自然难以理解微积分。陈文用到中值定理但"不具论"，因为"不适于本书之程度"。

根据当时的国情，上海科学会发现，中国数学的西化道路应当分两步走。"三

---

① 夏鸾翔曾以为微积分是几何学的一个分支，随着符号代数的影响扩大，薛光锜似乎又觉得无穷小分析是代数学的一个分支。
② 至1912年，北京大学数学系成立，中国现代高等数学教育才正式开始。
③ 设有弧析分至极多，所析之分必极细。此极细一弧通弦几与弧合，以极多分乘之即原设通弧。[7]

角法之高等部分"并非急务,应当率先西化初等部分。于是,三角学摆脱了割圆术,代数取代了图解。至于纯粹的形式关系,以及新型的分析方法,则有待于教育改革进一步深化。

《三角术》与《平面三角法》不同于《代数术》与《三角数理》,不是翻译而是编译的,不是合作而是独立完成的。也不同于《割圆术辑要》与《新三角问题正解》,它们不以中学为体,清末学者的态度与变化由此得到说明。

谢洪赉和陈文以"廻线之运动"保证函数自变量的连续性,为三角函数论的进一步发展指出了新方向,虽然运动学的观点此时在西方已被新观点所取代。另外,直到1929年,国人还在"绘图详解"三角函数。[83]数理观念在国内引起的变化总归不及东邻日本。

三角函数无法表为自变量的有限形式。因此,它们的一些重要性质无法通过代数来了解,而分析在此大有用武之地。在西方,欧拉给出形式定义

$$\cos x = \frac{e^{ix}+e^{-ix}}{2}, \quad \sin x = \frac{e^{ix}-e^{-ix}}{2i}, \quad i=\sqrt{-1},$$

为三角学的分析化提供了方便。三角函数的分析性质通过微积分得到说明,譬如,正交性质,由此引出的三角级数论走向现代函数论。在中国,清代级数论为引进欧拉公式提供了必要条件,微积分的传入为三角学的分析化提供了方便,但是遇到了两个方面的困难。

微积分传入以后,很快引起中算家的兴趣,不久便有会通之作。①然而这些工作是自发的个人行为,由于缺乏制度保障,它们难以为继。1867年,总理衙门着手改革数学教育,试图在制度上作出安排以资鼓励。由于威胁到士大夫在权力结构中的既得利益,改革遭到激烈反对和抵制。最后,同文馆得以实施数学教育,虽然效果并不理想。至20世纪80年代,总理衙门尝试以科学渗透科举,但未能得手。由于非激励机制,科学制度未能渗透科举,科举制度却能排挤科学。甲午战争以后,教育改革顺理成章,然而改革并不顺利。癸卯学制要求,各类学堂均以国学为基、中孝为本,待学生心术归于纯正,再讲西学知识。在此规则之下,三角学自然"中体西用"为宜。废除科举制度后,三角学开始西体西用。然而此时帝国已是风雨飘摇,丧失了改革的机遇。直到清末,由于数学教育改革不力,三角学未能有效利用微积分。

由李善兰的"对数求真数之级数"

$$e^t = 1+t+\frac{1}{2!}t^2+\frac{1}{3!}t^3+\cdots, \tag{3}$$

---

① 冯桂芬的《西算新法直解》刻于1862年,夏鸾翔的《万象一原》亦然,距微积分首次译出仅隔三年。

第四章 中西会通的结果

不难得出欧拉公式,只需比较(1)、(2)、(3)并引进"虚式之根号"。华蘅芳曾经指出,虚式之根号"在考八线数理中实有大用处",但它并没有被清末学者所接受。形式定义无法中学为体,因为它能使存在独立于现象,隐含天人对立的思想,与天人合一的传统观念不相容。儒者没有对自然与其造化力作出区分,因而很担心它会冲击传统观念,更担心它会破坏伦常名教。由于三角学在帝国生活中的特殊作用,变动它的基础事关重大,大清学者不得不格外谨慎。直到清末,由于思想观念未能与时俱进,三角学未能利用欧拉公式完成形式化。

日本的改革势力运气不错,在中日竞争中抢得先机,数学迅速全盘西化。他们的形式化基础也不错,改革以前圆理已经表现出形式化倾向,故改革时他们已有较好的心理准备。清末留学日本的人数逐年增加,20世纪初有些人专攻数学,后来对中国数学教育的现代化发挥了作用。①陈建功是"我国函数论研究的开拓者之一"[84],他先后三次东渡日本,1929年写成《三角级数论》。②同年,国内有人出版《图解三角术》,继续绘图详解三角函数。据王锡恩称:"坊间三角书,皆云直角三角形斜线分之垂线为某角正弦,令读者茫然不解其义。甚有读毕平、弧三角术终不知弦切割矢为何物者"。[83]为此"凡三角形之公式及应用",他都"作图证之"③。

对于几何直观与经验证据,国人总是难以割舍。无论如何,受到日本数学的影响,清末三角学全盘西化,至民国走向现代函数论。三角级数论的发展与经验证据无关,结果却与更广泛的经验相符合,这是大清学者与统治者始料未及的。

人们终于发现,数学家在逻辑定义的基础上,可以自由地引用自己的概念,唯一的要求是它们不能自相矛盾。由此他们领悟到了数学的本质,由感性经验可以提出问题,而问题可以自由地化为形式逻辑关系。由此引起的进步是空前的,在中国数学史上具有划时代的意义。

---

① 冯祖荀1904年留学日本,专攻数学。后来,北京大学数学系成立时,由他主持。
② 著者于1929年,遵指导教师藤原松三郎先生的嘱咐,用日文写成《三角级数论》,于1930年在东京岩波书店出版。[85]
③ 原文引自杨楠:《三角数理》的翻译及其影响。[86]

结　语

　　第一次数学会通有机会使三角知识数理化，而且还能"中体西用"，只需将古代的不失本率原理引入其中。然而，康熙皇帝对形式主义不感兴趣，他的态度是决定性的。直到晚清，几乎没有人关心三角数理。在此期间形式主义在欧洲大行其道，不久之后《三角数理》传入中国，古代的形式主义传统却消失了。由于无法"中学为体"，第二次会通未能完成三角数理化。废除科举后中国数学开始全盘西化，1907年三角知识完成数理化。

　　古代学者讲究寓理于算，算术往往依赖于几何，线段关系取决于面积关系。清代学者试图会通中西，以便"补益王化"。在三角学概念的进化过程中，他们的努力曾经取得了显著的成效。传统勾股术的发展在此起到了特殊的作用，人们在古代的传统中找到了它的形式基础，由此加快了三角学的形式化步伐。符号代数的传入为此创造了有利条件，但是废除科举以前，该进程未能完成，这与晚清数学的论证形式有关。晚清学者的"勾股演代"或"三角演代"未能引起运算结构的变化，他们并没有接受欧拉公式作为立法之根，这与"中体西用"的要求有关。欧拉公式无法"中学为体"，它有赖于纯形式的定义，这与古代的知识传统不相容。

　　清初学者认为传统割圆术说明了三角学原理，因为"三角非八线不能御"，而八线出自勾股割圆之法。事实上，传统割圆术涉及"三要法"，清代割圆术涉及"二简法"。不过，作为重点的数学概念不一样，三角学的重点不在周率，而在八线概念及其性质。清代割圆术表达了两弧和的弦矢公式，同时又表达了弦矢的和差与积的关系。晚清学者据此说明了弦矢与二项式系数的关系，至于弦矢与二项式的关系，则没有说清楚，因为这种关系取决于纯粹的形式定义。

　　就其功能而言，古代的弧矢算术很接近三角学，亦可用于历法研究。然而古代学者拒绝了无穷的概念，因此弧矢算术的基本公式多为近似结果，缺乏三角学意义。由于受到天文学的支配，乾嘉学派的弧矢算术维持了近似公式，尽管此时它们已有精确的形式。

　　第一次数学会通使三角学独立于天文学，表现在概念的进化与方法的创新上，结果是数学对象多样化、特殊关系一般化、近似关系精确化。传统知识只和弧、矢、弦、径有关，弧矢概念是物理的。三角学的基本概念则为割圆八线，而定义是纯几何的。通过梅文鼎的工作，中算家接受了割圆八线的概念，由此引起数学对象与方法的一系列变化。

结　语

　　弦、矢与弧背的精确关系涉及无穷，西方三角学包含有关结果，然而相应的方法没有传入。为此，明安图独立引进无穷小方法，以精确结果取代了古代的近似结果。西法建基于某些特殊结果，中算家将它们推广为一般性结果，是以线段关系取代古代的面积关系所得。这归功于王锡阐和梅文鼎，前者给出基本公式，后者给出等价形式。

　　由于缺少必要的概念，古代学者无从探讨多样的三角关系，因而有关知识发展缓慢。新概念"其类稍广"，由此引出各种新关系，包括边角关系。不过，边与角未被作为变量关系来研究，因此割圆八线无法走向三角函数。

　　古代的学者未就近似关系与精确关系作出区分，主要是由两个方面的原因造成的。一方面，古代的学官对于涉及无穷的结果"废而不理"；另一方面，"万物化生"的机理"正在于奇零不齐之处"，因此古代学者放弃了无穷的概念。清代无穷小分析归功于明安图学派，古代的缀术失传以后，弧矢算术终于再度引入无限。但是他们把序列的极限等同于它的末项，由于坚持几何的极限观念，清代无穷小方法未能达至精确的概念。无论如何，三角学引进无穷的概念与方法，是独立于天文学的重要标志。

　　随着第二次西学东渐，代数化的结果传入中国，晚清学者称之为"八线数理"或"三角数理"。三角数理讲究形式推导，所有对象都可以符号代之，所有结果都可以"算术核之"。三角知识依赖于几何"只得大略而已，欲求精密不可得也"，唯代数方法"得数最密"而且"用处最广"。割圆八线概念进化为三角比例数，比例数的运用简化了证明，八线的某些遗留问题由此得到解决。新概念的要点在于角度与比例数取值的范围及其对应关系，任意角的比例数有一定的符号法则，八线变号曾经引起的问题于是得到解决，这是代数化的结果。

　　代数化的关键是形式定义，通过形式定义，棣美弗给出关键公式。棣美弗公式源于三角比例数的独立性，结果使之获得更大的独立性。通过无穷级数的形式运算，欧拉给出更一般的形式，从而说明了更多的结果。中算家的割圆连比例解取决于几何方法，因而"窒碍之事极多"，代数为此提供了极其简单的方法。事实表明，三角数理果然"有用"。三角级数论是由形式主义引起的一个新方向，三角学由此走向函数论，这是独立于几何学的结果。

　　第二次会通经历了两种组织形式，始则缺乏制度保障，继而试图"中西体用"。在"中西体用"之间，晚清学者接受了符号代数但拒绝了形式主义，结果导致效益递减。三角数理虽然是由几何直观所引导的，但不是由几何直观所支配的，因而"用处最广"。中算家承认代数结果的一般性，乐于接受"代数之各种变法"。但是，对于纯形式定义，他们仍然心存疑虑，觉得形式推理并未"深求其理"。

《割圆术辑要》的有些结果出自三角数理,与割圆术并不相干。但是,为了"中学为体",卢靖把数理概念几何化,将西法归入割圆术。《新三角问题正解》几何为体代数为用,代数演算时,薛光锜用比例数,几何论证时则用割圆八线。他没有采用欧拉公式,这是中体西用的另一种选择。中算家的三角术直到1905年仍然中学为体,但此后情况发生了变化,变化是由数学活动的新规则引起的。

随着数学教育改革,三角学的结构发生了变化,在内容和形式上均与国际接轨。晚清学者大多以为"三角函数即八线",然而无论八线还是比例数,都不是函数。函数只能建立在变量概念之上,陈文和谢洪赍的贡献就是引进两个连续的变量,为三角函数论的发展指明了方向。不久,陈建功走出国门,对此作出了自己的贡献。数理观念在国内引起的变化总归不及东邻日本。无论如何,由于日本数学的影响,清末三角学最终走向现代函数论。

由感性经验,人们可以提出问题,而问题可以自由地化为形式逻辑关系。三角数理的这种观念晚清学者是没有的。由于日本数学的影响,清末民初的学者才认识到,一个概念的存在只依赖于"它所进入的关系的无矛盾性"[87]。清代三角学的历史表明,只要满足内部一致性的要求,数学家在逻辑定义的基础上,可以自由地引用自己的概念,而经验证据对于三角学并不是绝对重要的。

参 考 文 献

[1] 赵爽. 勾股圆方图说. 见: 靖玉树. 中国历代算学集成. 济南: 山东人民出版社, 1994
[2] 徐光启. 勾股义. 见: 郭书春. 中国科学技术典籍通汇(数学). 郑州: 河南教育出版社, 1993
[3] 欧几里得. 欧几里得几何原本. 兰纪正, 朱恩宽译. 西安: 陕西科学技术出版社, 2003
[4] 刘徽. 九章算术圆田术注. 见: 靖玉树. 中国历代算学集成. 济南: 山东人民出版社, 1994
[5] 明安图. 割圆密率捷法. 岑建功校刊本, 道光己亥(1839)
[6] 董祐诚. 割圆连比例图解. 见: 郭书春. 中国科学技术典籍通汇(数学). 郑州: 河南教育出版社, 1993
[7] 项名达. 象数一原. 见: 郭书春. 中国科学技术典籍通汇(数学). 郑州: 河南教育出版社, 1993
[8] 李锐. 弧矢算术细草. 见: 靖玉树. 中国历代算学集成. 济南: 山东人民出版社, 1994
[9] 沈康身. 九章算术导读. 武汉: 湖北教育出版社, 1997
[10] 顾应祥. 弧矢算术. 见: 靖玉树. 中国历代算学集成. 济南: 山东人民出版社, 1994
[11] 李冶. 测圆海镜. 见: 靖玉树. 中国历代算学集成. 济南: 山东人民出版社, 1994
[12] 林力娜. 李冶《测圆海镜》的结构及其对数学知识的表述. 见: 李迪. 数学史研究文集(五). 呼和浩特: 内蒙古大学出版社; 台北: 九章出版社, 1993
[13] 李继闵. 《九章算术》及其刘徽注研究. 西安: 陕西人民教育出版社, 1990
[14] 沈括. 隙积会圆二术附. 见: 靖玉树. 中国历代算学集成. 济南: 山东人民出版社, 1994
[15] 李善兰. 方圆阐幽. 见: 靖玉树. 中国历代算学集成. 济南: 山东人民出版社, 1994
[16] 刘徽. 九章算术勾股注. 见: 靖玉树. 中国历代算学集成. 济南: 山东人民出版社, 1994
[17] 梅文鼎. 勾股举隅. 见: 郭书春. 中国科学技术典籍通汇. 郑州: 河南教育出版社, 1993
[18] 李锐. 勾股算术细草. 见: 郭书春. 中国科学技术典籍通汇. 郑州: 河南教育出版社, 1993
[19] 谢和耐. 中国文化与基督教的冲撞. 沈阳: 辽宁人民出版社, 1989
[20] 梅文鼎. 平三角举要. 见: 郭书春. 中国科学技术典籍通汇(数学). 郑州: 河南教育出版社, 1993
[21] 梅文鼎. 方程论. 见: 郭书春. 中国科学技术典籍通汇(数学). 郑州: 河南教育出版社, 1993
[22] 梅文鼎. 少广拾遗. 见: 郭书春. 中国科学技术典籍通汇(数学). 郑州: 河南教育出版社, 1993
[23] 梅文鼎. 堑堵测量. 见: 郭书春. 中国科学技术典籍通汇(数学). 郑州: 河南教育出版社, 1993
[24] 梅文鼎. 环中黍尺. 见: 郭书春. 中国科学技术典籍通汇(数学). 郑州: 河南教育出版社, 1993
[25] 刘钝. 《方程论》提要. 见: 郭书春. 中国科学技术典籍通汇(数学). 郑州: 河南教育出版社, 1993
[26] 李迪, 郭世荣. 清代著名天文数学家梅文鼎. 上海: 上海科学技术文献出版社, 1988
[27] 梅文鼎. 弧三角举要. 郭书春. 中国科学技术典籍通汇. 郑州: 河南教育出版社, 1993
[28] 梅荣照. 略论梅文鼎的《方程论》. 见: 自然科学史研究所. 科技史文集. 上海: 上海科学技术出版社, 1982
[29] 项名达. 勾股六术. 项氏家刊《下学庵算术》本, 年代不详
[30] 江衡. 勾股演代. 《溉斋算术》本, 年代不详
[31] 特古斯. 中算家的率与无穷的算术. 内蒙古师范大学学报(自然科学版), 2002, 31(1), 83
[32] 梅文鼎. 中西算学通序. 勿庵历算书目. 知不足斋丛书本
[33] 田淼. 中国数学的西化历程. 济南: 山东教育出版社, 2005
[34] 钱宝琮. 中国数学史. 北京: 科学出版社, 1992
[35] 刘徽. 九章算术弧田术注. 见: 靖玉树. 中国历代算学集成. 济南: 山东人民出版社, 1994
[36] 夏鸾翔. 万象一原. 江苏书局校刊本, 光绪戊戌(1898)
[37] 特古斯. 中算家的弧背术. 内蒙古师范大学学报, 2009(5), 532
[38] 邓玉函. 大测. 《崇祯历书》全辑本第七册. 呼和浩特: 内蒙古大学出版社, 2006
[39] 罗雅谷. 测量全义. 《崇祯历书》全辑本第八册. 呼和浩特: 内蒙古大学出版社, 2006
[40] 数理精蕴下编. 见: 郭书春. 中国科学技术典籍通汇(数学). 郑州: 河南教育出版社, 1993

[41] 梅文鼎. 几何通解. 见: 郭书春. 中国科学技术典籍通汇(数学). 郑州: 河南教育出版社, 1993
[42] 梅荣照. 王锡阐的数学著作——《圆解》. 见: 梅荣照. 明清数学史论文集. 南京: 江苏教育出版社, 1990
[43] 王锡阐. 圆解. 见: 郭书春. 中国科学技术典籍通汇(数学). 郑州: 河南教育出版社, 1993
[44] 项名达. 三角和较术. 见: 郭书春. 中国科学技术典籍通汇(数学). 郑州: 河南教育出版社, 1993
[45] 特古斯. 清代级数论史纲. 呼和浩特: 内蒙古人民出版社, 2002
[46] 项名达. 开诸乘方捷术. 见: 郭书春. 中国科学技术典籍通汇(数学). 郑州: 河南教育出版社, 1993
[47] 特古斯. 明安图变换溯源. 内蒙古师范大学学报(自然科学版), 2001, 30(1), 270
[48] 何绍庚. 清代无穷级数研究中的一个关键问题. 自然科学史研究, 1989, 8(3), 25
[49] 徐有壬. 割圆八线缀术. 见: 靖玉树. 中国历代算学集成. 济南: 山东人民出版社, 1994
[50] 何绍庚. 项名达对二项展开式研究的贡献. 自然科学史研究, 1982, 1(2), 104
[51] 戴煦. 对数简法. 中国科学技术典籍通汇(数学). 郑州: 河南教育出版社, 1993
[52] 特古斯. 明安图多项式及其应用. 广西民院学报, 1999(增), 41
[53] 戴煦. 外切密率. 中国科学技术典籍通汇(数学). 郑州: 河南教育出版社, 1993
[54] 徐有壬. 徐庄愍公算书. 靖玉树. 中国历代算学集成. 济南: 山东人民出版社, 1994
[55] 李善兰. 弧矢启秘. 中国科学技术典籍通汇. 郑州: 河南教育出版社, 1993
[56] 董杰. 清初三角学的内在发展. 内蒙师大博士论文. 呼和浩特: 内蒙古师范大学科学学院, 2011
[57] 华里司. 代数术. 华蘅芳, 傅兰雅同译. 江南制造局刊本, 1874
[58] 海麻士. 三角数理. 华蘅芳, 傅兰雅同译. 江南制造局刊本, 1877
[59] 特古斯. 中算家的割圆术. 见: 李兆华. 汉字文化圈数学传统与数学教育. 北京: 科学出版社, 2004
[60] 费簠甫. 弧三角图解序. 知止轩丛书本, 1897
[61] 盛钟圣. 弧三角图解. 知止轩丛书本, 1894
[62] 卢靖. 万象一原演式序. 卢木斋算学石印本, 1902
[63] 卢靖. 割圆术辑要. 卢木斋算学石印本, 1902
[64] 薛光锜. 新三角问题正解. 怡怡轩丛书刻本, 1903
[65] 乔志强. 中国近代社会史. 北京: 人民出版社, 1992
[66] 夏东元. 洋务运动史. 上海: 华东师范大学出版社, 1992
[67] 严中平. 中国近代经济史统计资料选辑. 北京: 科学出版社, 1955
[68] 何伟亚. 怀柔远人: 马嘎尔尼使华的礼仪冲突. 北京: 社会科学文献出版社, 2002
[69] 马士. 中华帝国对外关系史. 北京: 商务印书馆, 1963
[70] 道格拉斯·C.诺思. 经济史中的结构与变迁. 陈郁等译. 上海: 上海人民出版社, 1994
[71] 费正清. 中国: 传统与变迁. 北京: 世界知识出版社, 2002
[72] 孔飞力. 中华帝国晚期的叛乱及其敌人. 北京: 中国社会科学出版社, 1990
[73] 丁伟志. 中西体用之间. 北京: 中国社会科学出版社, 1995
[74] 熊月之. 西学东渐与晚清社会. 上海: 上海人民出版社, 1994
[75] 李迪. 中国数学通史(明清卷). 南京: 江苏教育出版社, 2004
[76] 容闳. 西学东渐记. 郑州: 中州古籍出版社, 1998
[77] 陈学恂. 中国近代教育史资料汇编(留学教育). 上海: 上海教育出版社, 1991
[78] 马建忠. 上李伯相言出洋工课书(丁丑夏), 《适可斋记言》卷2, 1877
[79] 马勇. 近代中国启蒙者的悲剧. 晚清国家与社会. 北京: 社会科学文献出版社, 2007
[80] 陈文. 平面三角法. 上海科学会编译部刊本, 1907
[81] 特古斯. 晚清数学的发展. 哈尔滨工业大学学报, 2009(1), 1
[82] 谢洪赉. 三角术. 上海: 商务印书馆, 1907
[83] 王锡恩. 图解三角术. 山东齐鲁大学《丛书》石印本, 1929
[84] 代钦. 陈建功数学教育思想的现代意义. 数学通报, 2010(10), 23
[85] 陈建功. 三角级数论序. 上海: 上海科学技术出版社, 1964
[86] 杨楠. 《三角数理》的翻译及其影响. 天津师大硕士学位论文, 2009
[87] 卡尔·B. 波耶. 微积分概念史. 上海: 上海人民出版社, 1977

后　　记

　　本书所属课题原本是交给学生去做硕士学位论文的，希望她在拿到文凭的同时，也能拿出一篇像样的东西，却不料学生自有其道理，她认为干活不宜用力太猛，因为没有人真拿专业当回事。我对这样的道理无法认同，专业是要自己拿它当回事，为什么非要别人拿它当回事。2011年夏的某一天，我决心干完这个停顿的工程，只想聊以自慰。适逢内蒙古师范大学建校60周年大庆在即，正好赶场。建校50周年大庆曾经赶上一回，我出版了《清代级数论史纲》，后来得到不少好处。其实专业也不是没有意思，清代三角学中的结构与变迁，至今仍值得回味。经验表明，干活不一定有意思，不干活一定没意思。

　　本书是在科学史院领导的关怀和支持下完成的，感谢院里给我这个机会。郭世荣教授为我提供了《割圆术辑要》，代钦教授提供了《平面三角法》及《三角术》，关晓武博士提供了《弧三角图解》，黄兴博士提供了《新三角问题正解》，资料室提供了几乎所有其他资料。如果没有这些资料，本书断无可能完成。感谢所有提供资料的人，感谢所有帮助过我的人。

　　最后，球友及酒友的理解，保障了我的工作时间。家人的支持保障了我的工作进度，在此一并致谢。

特古斯

2012年3月15日